国家自然科学基金（51708234）资助
中央高校基本科研业务费专项资金（2019kfyXJJS095）

# 城市空间
# 形态与空气污染治理

袁　满

著

中国建筑工业出版社

**图书在版编目（CIP）数据**

城市空间形态与空气污染治理 / 袁满著. —北京：中国建筑工业出版社，2019.7
ISBN 978-7-112-23491-2

Ⅰ.①城…　Ⅱ.①袁…　Ⅲ.①城市空间—关系—空气污染控制—研究　Ⅳ.①X51

中国版本图书馆CIP数据核字（2019）第050484号

责任编辑：易　娜　陆新之
责任校对：张　颖

**城市空间形态与空气污染治理**

袁　满　著

\*

中国建筑工业出版社出版、发行（北京海淀三里河路9号）
各地新华书店、建筑书店经销
北京点击世代文化传媒有限公司制版
北京建筑工业印刷厂印刷

\*

开本：787×1092毫米　1/16　印张：7½　字数：194千字
2019年7月第一版　2019年7月第一次印刷
定价：42.00元
ISBN 978-7-112-23491-2
（33788）

# 前　言

　　高速的城镇化建设推动了中国经济在过去 40 年的快速发展，但却造成了生态环境的严重退化及资源消耗的巨幅增加。城市"摊大饼"式蔓延扩张使得城市边界不断外移，城市建成区持续扩大，不仅消耗了大量的土地资源，还大幅提高了城市能源、水资源等消耗水平。在水污染、土壤污染等环境问题之中，城市空气污染问题与城镇化发展之间的矛盾日益尖锐，已经成为影响中国城市可持续发展的主要矛盾之一。随着工业化和城镇化的发展，城市成为空气污染的主要制造者，同时也是最大的受害者。近年来中国城市频发的雾霾灾害便是城市空气污染问题的直观展示，暴露了中国城镇化过程中出现的一系列城市问题。许多专家指出，中国空气污染主要来自工业生产、城市供暖、机动车尾气及建筑施工等所排放的大量有害气体及颗粒悬浮物，这是城镇化进程中必然伴随的现象。在我国快速城镇化发展的早期，城市空气污染主要以烟煤型污染排放为主。21 世纪以来，随着机动车的快速普及，汽车尾气排放的细颗粒物、氮氧化合物、一氧化碳、碳氢化合物及随后形成的光化学烟雾，给城市空气质量造成了极大的危害，成为空气污染的主要来源之一。

　　城市空气污染的形成非一朝一夕，治理雾霾也不能毕其功于一役，须寻求更多的污染防治途径。发达国家已逐步认识到城市空间形态与空气质量紧密相关，发现城市蔓延是造成空气污染的原因之一。20 世纪 90 年代后，受"精明增长"政策与"新城市主义"的影响，发达国家开始关注城市蔓延现象及其对资源环境的影响。城市空间形态反映了城市土地利用、人口、就业、交通等城市地理空间要素的空间布局特征，与城市资源消耗、生态环境、交通出行、居民生活方式等诸多方面紧密相关。通过数十年的研究，发达国家逐步认识到空气污染不仅仅是工业与机动车排放等单因素造成的结果，而是与城市空间布局、交通设施组织、城市密度等综合因素表征的城市空间形态相关，适宜的城市空间形态有助于改善城市空气质量。但是由于在政策制度、经济发展、城市管理及历史文化等多方面的差异，我国与西方发达国家在城市空间形态、交通出行方式及空气污染排放源等方面存在着一定的不同，发达国家的研究结果并不一定与中国城市的情况相符合。因此，还亟需对我国城市空间形态与空气质量的关联作用进行系统研究，提出合乎国情的城市规划政策建议，实现因地制宜地解决城市空气污染问题的目的。

我国城镇化率已于 2012 年突破 50%，据推测在 2030 年将达到 70%，全国将出现超过 200 座百万人口以上的大城市。然而，我国面临的城市蔓延问题依然严峻：在 2000—2010 年间，我国城镇建设用地的年均增长率为 6.1%，而城镇人口的年均增长率仅为 3.4%，土地城镇化的速度远超人口城镇化。如何既能满足城市人口与产业快速增长的空间需求，又要保证资源节约与环境友好的可持续发展，均需合理的城市空间规划的指导。本书以空气污染治理为切入点，促进对不良城市发展模式的反思，探索良好的城市空间形态，能够为我国传统的"定性规划""经验拍脑袋规划"提供科学的理论依据，特别是对辅助即将开展的国土空间规划具有一定的实践意义。城市空气质量在我国生态文明建设中的地位日趋重要，城市空气污染治理也是实现健康中国战略的必要途径。据估算，2030 年中国城市人口将超过 10 亿，城市空气污染问题若不能得到有效解决，将严重威胁到人民的身体健康，带来难以估量的经济损失与社会代价。本书希望为控制空气污染排放源、改善城市居民呼吸环境、降低空气污染危害提供一条新的路径。

# 目 录

# 第1章 绪论

## 1.1 研究背景

### 1.1.1 空气污染

在过去的 40 年里，我国城镇化通过充足的劳动力、低廉的土地及良好的基础设施，为经济高速发展提供了有力的支持。城镇人口占总人口的比例从 1978 年的不足 20% 提升到 2012 年的 52.6%，城镇人口净增长多达 5 亿。世界银行根据人均收入的增长趋势进行了估算，到 2030 年，中国大约有 10 亿人生活在城市里，城镇化率将达到 70% 左右[①]。高速的城镇化建设推动了中国经济在过去 30 余年的快速发展，GDP 年增长速率接近 10%。然而，快速的城镇化建设造成了土地资源的紧张、生态环境的严重退化及资源消耗的巨幅增加。城市"摊大饼"式蔓延扩张使得城市边界不断外移，城市辖区持续扩大，消耗了大量的土地资源。另外，城镇化发展还造成了城市周边生态环境的恶化，并大幅提高了城市能源、水资源的消耗水平。目前，中国已经成为全球第一的温室气体排放国家，单位 GDP 二氧化碳排放量为欧美发达国家的数倍[②]，北京、上海等城市人均碳排放已经接近北美与欧洲大城市水平[③]。水资源短缺与水资源质量问题同样严重，110 个城市面临着严重的水资源短缺[④]。全国河流、湖泊受到了"污染"或"严重污染"的水质断面约占 38%，不宜饮用或直接与人体接触[⑤]。到 2030 年，约 70% 的中国人将生活在城市中，越来越多的人会受到资源短缺的制约及环境污染的影响，造成一系列的经济和社会问题。因此，解决资源与环境问题在我国新型城镇化建设时期，变得越来越迫切。

在各项环境污染问题之中，城市空气污染问题与城镇化发展之间的矛盾日益尖锐复杂，已经成为影响我国城市可持续发展的主要矛盾之一。空气是人类赖以生存的最基本的环境要素，且空气环境是一种无处不在且无法选择、只能吸收的环境，与人体健康时时处处密切相关。随着工业化和城镇化的发展，城市成为空气污染的主要制造者，同时也是最大的受害者。近年来我国城市频发的雾霾灾害便是城市空气污染问题的直观展示，暴露了我国城镇化过程中出现的一系列城市病。雾霾污染影响了我国 8 亿多的人口，引发了各方高度关注。2015 年年初，

---

① 世界银行. 中国: 推进高效，包容，可持续的城镇化 [D]，2014.
② International Energy Agency .CO₂ emissions from fuel combustion [M]. OECD publishing, 2012.
③ Sugar L, Kennedy C, Leman E. Greenhouse gas emissions from Chinese cities [J]. Journal of Industrial Ecology, 2012, 16（4）: 552–563.
④ Kamal-Chaoui L, Leeman E, Rufei Z. Urban trends and policy in China[M].OECD Regional Development Working Papers, OECD publishing, 2009.
⑤ 中华人民共和国环境保护部. 2014 年中国环境状况公报 [R].2015.

著名记者柴静推出了雾霾调查纪录片《穹顶之下》，更是引发了从普通民众到政府官员对城镇化、工业化发展方式的思考。

许多专家指出，我国空气污染物主要为工业生产、城市供暖、机动车尾气及建筑施工所产生的大量有害气体及颗粒悬浮物，这是城镇化进程中必然伴随的现象 [1]。在我国快速城镇化发展的早期，城市空气污染主要以烟煤型污染排放为主；21 世纪以来，随着机动车的快速普及，机动车尾气排放的氮氧化物 $NO_x$、一氧化碳 $CO$、碳氢化合物 $CH$ 及随后形成的光化学烟雾，给城市空气质量造成了极大的危害。2013 年 1 月，持续的严重雾霾灾害影响了全国大部分的城市。北京 $PM_{2.5}$ 浓度平均值超出了世界卫生组织安全值的 8 倍 [2]，污染程度堪比 1952 年导致 1.2 万人过早死亡的伦敦雾霾事件 [3]。在 2014 年，京津冀、长三角、珠三角等重点区域和直辖市、省会城市及计划单列市共 74 个城市的空气质量监测结果表明 [4]，仅海口、拉萨、舟山、深圳、珠海、福州、惠州和昆明 8 个城市的 $PM_{2.5}$、$PM_{10}$、$NO_2$、$CO$ 和 $O_3$ 5 项污染物年均浓度达标，其他 66 个城市存在不同程度超标现象，达标率仅为 10.8%。京津冀区域空气污染问题尤为严重，13 个地级以上城市空气质量平均达标天数为 156 天，比 74 个城市平均达标天数少 85 天，达标天数比例在 21.9% ~ 86.4% 之间，平均为 42.8%；11 个城市排在污染最重的前 20 位，8 个城市排在前 10 位，区域内 $PM_{2.5}$ 年均浓度平均超标 1.6 倍以上。2015 年 11 月底至 12 月初，中国北方城市又一次经历了严重的雾霾污染，这次雾霾污染长达 5 天，$PM_{2.5}$ 浓度最高时甚至高过了 $1000\mu g/m^3$，无论是污染严重程度还是污染的持续时间都是近年来较为罕见的。因此，北京首次启动了空气重污染红色预警。

城市空气污染的最大威胁是直接损害人体健康。世界卫生组织表示，空气污染是影响人体健康的一个主要环境风险，会通过各种方式损害人体健康。细颗粒物 $PM_{2.5}$、挥发性有机物 $VOC$、一氧化碳 $CO$ 及氮氧化合物 $NO_x$ 等空气污染物会给人体健康构成严重威胁，引发心血管疾病、不良妊娠、呼吸系统疾病等问题，还有研究认为空气污染已经成为最广泛传播的环境致癌物 [5][6][7]。全球每年因室外空气污染失去生命的人口高达三百万以上，成为首要的致死因素之一 [8]。根据 2010 年以来的监测数据，中国城市空气污染程度严重高于经合组织成员国及其他中等收入国家，$PM_{2.5}$ 人口加权平均暴露程度为世界卫生组织定义临界值的 3 倍，仅次于印度、

---

① 上海商报. 空气质量问题对城镇化提出挑战 [EB/OL]. http: //news.sohu.com/20130113/n363305951. shtml.

② Yuesi W, Li Y, Lili W, et al. Mechanism for the formation of the January 2013 heavy haze pollution episode over central and eastern China[J]. SCIENCE CHINA Earth Sciences, 2013, 57（1）: 14-25.

③ Bell M L, Davis D L. Reassessment of the lethal London fog of 1952: novel indicators of acute and chronic consequences of acute exposure to air pollution[J]. Environmental health perspectives, 2001, 109（Suppl 3）: 389-394.

④ 环境保护部. 环境保护部发布 2014 年重点区域和 74 个城市空气质量状况 [EB/OL]. http://www.zhb. gov.cn/gkml/hbb/qt/201502/t20150202_295333.htm.

⑤ Brauer M, Lencar C, Tamburic L, et al. A cohort study of traffic-related air pollution impacts on birth outcomes[J]. Environmental health perspectives, 2008, 116（5）: 680-686.

⑥ Gauderman W J, Avol E, Lurmann F, et al. Childhood asthma and exposure to traffic and nitrogen dioxide[J]. Epidemiology, 2005, 16（6）: 737-743.

⑦ Ruggiero, Lucia A. Global health risks: mortality and burden of disease attributable to selected major risks[M]. World Health Organization, 2009.

⑧ OECD. The Cost of Air Pollution: Health Impacts of Road Transport[R]. Paris: OECD Publishing, 2014.

孟加拉和巴基斯坦，居全球第 4 位（如图 1-1）。在 2010 年，中国由室外空气污染导致的过早死亡人数高达 120 万，接近全球总量的 40%；由此造成丧失生命、破坏健康而损失的社会财富估计高达 1.4 万亿美元，约占当年中国 GDP 总量的 23%。同时，空气污染还严重影响着生态环境，会对动物、植物及湖泊造成危害，威胁着人类居住环境和自然生态系统。此外，雾霾天气使空气能见度急剧下降，不但会降低人们生活情绪，还会造成严重的交通隐患，甚至引起航班大面积晚点，这些都是空气污染的潜在威胁。综上所述，我国城市空气污染已经严重危害到人民的身体健康与城市的可持续发展。

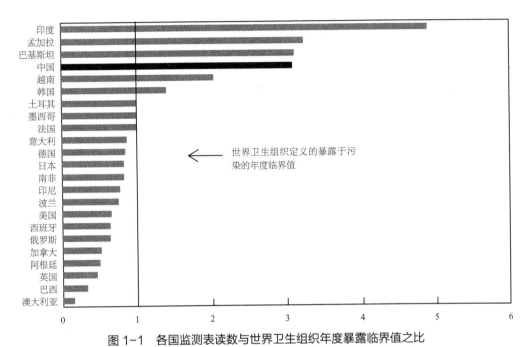

图 1-1　各国监测表读数与世界卫生组织年度暴露临界值之比

（图片来源：OECD Economic Surveys：China 2013）

## 1.1.2　城镇化

中国曾是一个以农业为主体的国家，在新中国成立后的前 30 年里，工业化及城镇化的进程还相对缓慢。这一方面造成改革开放初期，许多政府决策者和实际执行者秉承"经济发展为先"及"先污染后治理"的理念，将空气污染等环境问题置之度外，加剧了城镇化对空气质量造成的损害；另一方面，缺乏工业化、城镇化发展的经验，导致了许多专业环保人士对中国经济发展速度估计不足，影响了对环境保护、污染治理方面的重视与投入程度。各地政府决策者及规划者由于统筹性、前瞻性的缺乏，不但忽视城镇化快速进程中工业、取暖、生活废气排放对空气质量的影响，而且严重低估了近年来机动车尤其是私家车的普及速度，造成"治理总比污染慢一步"的被动和尴尬。

从世界范围来看，发达国家在其工业化和城市化进程中都曾受到过空气污染问题的困扰，例如臭名昭著的伦敦雾霾事件、美国洛杉矶光化学烟雾污染、日本四日气喘病、德国鲁尔空气污染等一系列空气污染典型事件。这些国家和地区投入了大量的人力、物力及财力，经过长期坚持不懈的严格控制和综合治理，大幅改善了城市空气质量。从西方国家治理城市空气污染的经验可以看出，在长期空气质量监测和相关数据整理与分析的基础上，高水平科研成果对治理空气污染提供了有效的支撑；另外，城镇化与空气质量并不是鱼和熊掌，是可以兼得的，通过适当的城镇化模式，能够实现城镇化与环境质量的双赢。

城市不但是人类主要的居住地，还是人类文明发展的标志。良好的城市环境不仅是人类生存繁衍和社会发展的基础条件，还是城市可持续发展的必要条件。我国城市空气污染问题已与人们的身体健康、经济社会的持续健康发展、生态文明建设紧密相关。党的十八大提出了要走中国特色的新型城镇化道路，改变现阶段城镇化进程给城市空气质量造成的巨大负面影响。2014 年发布的《国家新型城镇化规划》提出，到 2020 年，地级以上城市空气质量达标率要提升至 60%，2/3 的地级以上城市空气质量要达标。国家颁布的《大气污染防治行动计划》及各省份相继出台的《大气污染防治规划》都显示出政府对城市空气污染治理的迫切需求。在发展模式调整、节能减排等措施执行的同时，如何从城市规划的角度减少污染排放及改善空气质量，以提升城市居民生活健康水平，是当今城市规划研究亟需考虑的问题。

### 1.1.3　城市空间形态

在 20 世纪 70、80 年代，发达国家的研究大多认为空气污染的主要来源为工业生产及机动车尾气排放，尝试通过改进或更新技术以实现节能减排的途径，达到改善空气质量的目的，例如优化燃料品质、提升排放净化工艺等[1]。在 20 世纪 90 年代，受"精明增长"政策与"新城市主义"的影响，发达国家开始关注城市蔓延问题及其对资源环境的影响，逐渐开始探寻城市空间形态对空气质量的影响机制[2]。

城市空间形态反映了城市土地利用、人口、就业、交通等城市地理空间要素的空间布局特征。一方面，城市空间形态是社会、经济、文化等多种要素综合作用产生的结果；另一方面，城市空间形态又与城市资源消耗、生态环境、交通出行、居民生活方式等诸多方面紧密相关[3]。通常认为，城市空间形态可能会对居民的出行方式、出行频率与出行距离产生一定的影响，从而通过机动车行驶距离间接地影响尾气污染物排放量[4]。例如，城市居住区与就业区在空间上的高度分离会导致职住空间错位，若无法提供高效便捷的公交服务，小汽车出行的比例将会大幅提高，从而产生大量机动车尾气，带来空气污染问题。相反，在高密度、用地混合的城市区域中，机动车出行的距离和比例可能会降低，从而减少机动车尾气污染的排放量。

通过数十年的研究，发达国家逐步认识到空气污染不仅仅是工业与机动车排放等单因素造成的结果，而是与城市空间布局、交通设施组织、城市密度等综合因素表征的城市空间形态相

---

① Anderson W P, Kanaroglou P S, Miller E J. Urban form, energy and the environment: a review of issues, evidence and policy[J]. Urban studies, 1996, 33（1）: 7-35.
② Clifton K, Ewing R, Knaap G J, et al. Quantitative analysis of urban form: a multidisciplinary review[J]. Journal of Urbanism, 2008, 1（1）: 17-45.
③ 李倩倩，刘怡君，牛文元. 城市空间形态和城市综合实力相关性研究[J]. 中国人口资源与环境，2011, 21（1）: 13-19.
④ Marquez L O, Smith N C. A framework for linking urban form and air quality[J]. Environmental Modelling & Software, 1999, 14（6）: 541-548.

关,合理的城市空间形态对减少机动车行驶距离及尾气排放具有重要作用[1][2]。这些研究初步建立了城市空间形态与空气质量关系分析的框架,为我国城市开展相关研究提供了经验与基础。

## 1.2　研究意义

空气污染已经成为威胁我国人民身体健康、自然生态环境及城市可持续发展的严重环境问题。中央及地方政府都陆续颁布了治理空气污染的相关措施,以改善城市空气质量。国务院在 2013 年发布《大气污染防治行动计划》,确定了大气污染防治十条措施,包括减少污染物排放;严控高耗能、高污染行业新增耗能;大力推行清洁生产;加快调整能源结构;强化节能环保指标约束;推行激励与约束并举的节能减排新机制,加大排污费征收力度,加大对大气污染防治的信贷支持等。北京于 2014 年实施了全国首部地方性防治大气污染条例《北京市大气污染防治条例》,确定北京市大气污染防治坚持预防为主、防治结合的原则;实施污染物总量控制和浓度控制,削减污染物排放总量,逐步改善大气环境质量。

除了以上减产、减排、产业结构调整等措施之外,城市空间形态对空气质量的影响作用不应该被忽略。空气污染问题与我国几十年来的城镇化快速进程密不可分,我国城市"摊大饼"式的蔓延扩张、机动车数量迅猛增长、交通拥堵严重、绿地等开放空间减少等问题,都加剧了空气质量的恶化。然而,我国学者对城市空间形态与空气质量关系的研究还并不充分,尤其缺乏大量数据及严密模型的分析与探讨,城市空间形态对空气污染的影响机制并不清晰。国内对空气质量的研究主要来自环境科学及气象科学的视角,主要研究集中在空气污染来源的识别、气候和天气因素对空气污染的影响上。虽然国内有少数学者围绕城市空间形态对空气质量影响进行了初步讨论,但大多还处于描述层面或政策层面上,基于大量数据与模型的定量研究还非常欠缺。这也导致了城市规划工作在应对空气污染问题时,缺乏有力的理论支持及有效的方法指导,难以保证城市规划方案的环境友好性。本书从城市规划学科角度上,对中国城市空间形态与空气质量的关系展开系统研究,对缓解中国城镇化发展与生态环境的矛盾,实现城市可持续发展具有重要的理论及现实意义。

### 1.2.1　理论意义

虽然发达国家关于城市空间形态与空气质量的研究已经取得了一定的进展,但是由于在政策制度、经济发展、城市管理及历史文化等多方面的差异,我国与西方发达国家在城市空间形态、交通出行方式及空气污染排放源等方面存在着不同。因此,在发达国家已有的研究结果并不一定与中国城市的情况完全相符合,相应的城市规划政策、城市发展模式与方案也难以直接地应用于中国城市的规划与管理之中。他山之石可以攻玉,本书借鉴发达国家前沿研究的方法与经验,对中国城市空间形态与空气质量的关系展开深入研究,以阐述中国城市空间布局、密度、土地利用等方面与空气质量的关系,制定合乎国情的城市规划政策与方案,实现因地制宜地改善城市空气质量的目的。研究成果有助于指导城市规划与发展,为自然生态环境的改

---

① Stone B. Urban sprawl and air quality in large US cities[J]. Journal of environmental management, 2008, 86 ( 4 ): 688-698.
② McCarty J, Kaza N. Urban form and air quality in the United States[J]. Landscape and Urban Planning, 2015, 139: 168-179.

善及城市建设的可持续性提供科学理论依据，符合新型城镇化及生态文明建设的要求。本书综合应用地理、交通、环境、GIS、遥感等多学科的理论及技术，不仅对传统的城市规划理论与方法有所补充，还有助于创新跨学科、多角度的空气污染治理途径，丰富健康城市相关理论。

### 1.2.2 现实意义

中国城镇化的快速进程使一半以上的中国人生活在城市，他们在享受便捷的城市生活与服务的同时，却又面临着空气环境日趋恶劣的威胁。到 2030 年，中国城镇化率将达到 70%，多达 10 亿人会居住在城市里，若不能有效解决城市空气污染问题，可能会带来难以估量的经济损失与社会代价。中国空气污染问题与几十年来的城镇化、工业化快速进程密不可分，研究城市空间形态与空气质量的关系，探索可持续的城市空间发展模式，制定相应的城市规划政策与方案，是中国新型城镇化建设的必然要求。本书旨在促进城市空间形态的优化，提升土地利用的集约和节约水平，促进城市建设与生态环境的协调发展，同时为城市规划决策者和方案的设计者进行科学合理的决策提供有效的参考和建议。例如，采用土地利用—交通—尾气一体化模型模拟空气污染的排放量与空间分布格局，能够有针对性地制定城市规划方案，调整土地利用与交通布局，兼顾城市经济发展与空气质量的改善。

## 1.3 相关研究进展

### 1.3.1 空气污染

从全球范围来看，城市化造成的空气污染问题曾使许多发达国家为之困扰。城市化往往伴随着工业污染增多、能源过度消费及机动车迅猛增加，导致的空气污染对居民身体健康乃至生命造成了巨大威胁。近几十年，虽然城市空气质量在欧洲和北美的大部分城市有所好转，但在一些发展中国家却更加恶化。2013 年 1 月，北京遭遇了严重的空气污染，$PM_{2.5}$ 及臭氧水平远超世界卫生组织制定的上限，堪比导致 1.2 万人过早死亡的 1952 年伦敦雾霾事件。根据环保部发布的 2015 年全国城市空气质量状况，74 个环保重点大城市中仅有 11 个城市的空气质量达标，达标率为 14.9%。为了改善城市空气质量，国内大量学者对我国城市空气污染问题展开了研究，主要集中在环境科学与气象学领域。环境科学领域的研究主要关注我国空气污染的来源，希望从源头上降低污染排放。研究表明，机动车尾气已逐渐成为我国城市空气污染的主要来源之一，其对 $PM_{2.5}$ 及 $PM_{10}$ 的贡献率超过 20%，对 $NO_x$、CO 及 VOC 的贡献率超过 40%[1][2]。另外，雾霾天气还与城市气象因素紧密相关，高湿、逆温、低压、静风等气象条件会加剧雾霾污染[3]。城市气象条件受区域气候的限制，往往存在先天不足，缓解城市空气污染不能仅仅"等风来""靠风吹"。

除了常见的空气污染物浓度指标外，空气污染暴露与公众健康有着更加直接的联系。表

---

① 彭应登. 北京近期雾霾污染的成因及控制对策分析 [J]. 工程研究：跨学科视野中的工程，2013，5（3）：233-239.
② Liu H, He K. Traffic optimization: A new way for air pollution control in China's Urban Areas[J]. Environmental science & technology, 2012, 46（11）: 5660-5661.
③ 吕效谱，成海容，王祖武，等. 中国大范围雾霾期间大气污染特征分析 [J]. 湖南科技大学学报（自然科学版），2013，28（3）：104-110.

征人群在一段时间内直接与具有一定浓度的空气污染物的接触程度，其不仅考虑了污染物的浓度，还兼顾了暴露于污染物的人数、频率及持续时间等指标。个体暴露监测、生物标志物监测是空气污染暴露评估的基本方法，但由于费时、费力、成本较高，不适合于较大地理范围的空气污染人群暴露评估[①]。环境暴露监测/模拟法是目前最为常用的方法，具有成本低、适应性强、可扩展性高的优势，主要包括邻近性模型、空间插值模型、土地利用回归模型、空气污染扩散模型等。另外，卫星遥感技术具有大范围、动态反演地面污染物浓度的优势，能够弥补环境暴露监测/模拟法对地面监测点较为依赖的不足。我国于2013年首次将$PM_{2.5}$纳入常规监测体系，为开展高质量的人群暴露分析提供了基础。例如，Zhang（2013）绘制了北京市区秋季日均$PM_{2.5}$人群暴露的时空分布图谱，表明37.14%的北京市区人口暴露在超标浓度下[②]；Liu（2016）研究发现，2013年中国83%的人口暴露于$PM_{2.5}$年均浓度超过限值的空气污染中，可导致我国每年130万成年人过早死亡[③]。

## 1.3.2　城市空间形态

近20年来，城市空间形态研究逐渐开始受到美国及欧洲学者的关注。粗放式的土地利用带来了一系列的资源与环境问题，人们开始批判与反思城市蔓延问题，追求精明的城市增长模式。日渐成熟地理信息系统（GIS）技术、开放的城市空间数据及高分辨率的卫星遥感影像为城市空间形态研究提供了技术支撑与数据保障。有来自城市经济、自然生态、城市规划、城市交通、景观设计等专业或学科的研究者从多维度、多视角对城市空间形态进行测度与分析，研究其对资源环境的影响[④]。景观生态方面的研究主要关注城市边界以外的耕地、草地、森林、湖泊水域等自然资源，评估城市扩张或城市蔓延对自然环境与资源的影响，广泛应用于耕地保护、水资源监测、自然保护区规划、物种多样性保护等领域[⑤⑥]。城市经济学者的研究围绕城市人口、就业、产业结构、用地规模与结构展开，以评价土地利用的经济效益为核心，内容包括城市最佳人口与用地规模的估算、采用单中心或是多中心的城市空间结构等[⑦]。交通规划师主要研究交通网络结构及交通可达性，探索合理的土地利用与交通搭配，旨在达到区域上的人口与就业平衡，提高交通运输效率[⑧]。社区形态的研究内涵更为丰富，涵盖用地布局、交通便捷性、邻里关系、居民健康等方面，其成果能够辅助政府部门制定相应的公共政策[⑨]。城市

① 邹滨，湛飞并，曾永年. 空气污染暴露时空建模与风险评估 [M]. 中国环境科学出版社，2012.
② Zhang A, Qi Q, Jiang L, et al. Population Exposure to $PM_{2.5}$ in the Urban Area of Beijing[J]. Plos One, 2013, 8（5）: e63486.
③ Liu J, Han Y, Tang X, et al. Estimating adult mortality attributable to $PM_{2.5}$ exposure in China with assimilated $PM_{2.5}$ concentrations based on a ground monitoring network.[J]. Science of the Total Environment, 2016, 568: 1253–1262.
④ Clifton K, Ewing R, Knaap G J, et al. Quantitative analysis of urban form: a multidisciplinary review[J]. Journal of Urbanism, 2008, 1（1）: 17–45.
⑤ Randolph J. Environmental land use planning and management[M]. Island Press, 2004.
⑥ Alberti M. Urban patterns and environmental performance: what do we know?[J]. Journal of planning education and research, 1999, 19（2）: 151–163.
⑦ Rosenthal S S, Strange W C. Geography, industrial organization, and agglomeration[J]. review of Economics and Statistics, 2003, 85（2）: 377–393.
⑧ Ewing R, Handy S, Brownson R C, et al. Identifying and measuring urban design qualities related to walkability[J]. Journal of Physical Activity & Health, 2006, 3: S223–S240.
⑨ Song Y, Knaap G. New urbanism and housing values: a disaggregate assessment[J]. Journal of Urban Economics, 2003, 54（2）: 218–238.

设计的研究更多地关注人们对城市空间形态的主观感受，寻找更为大众偏爱的城市空间形态，提升城市对居民的吸引力，加强居民的安全感、舒适感、归属感等[①②]。

总的来说，蔓延式的城市发展模式带来了诸多的负面效应，如大量侵占生态用地、破坏野生动物栖息地、高昂的公共服务成本、严重的交通拥堵、空气与水资源的污染、过度的能源消耗等，因而受到了广泛的批判。从20世纪80年代开始，紧凑城市的理念开始得到越来越多的关注与推崇，这在很大程度上得益于其带来的生态环境效益，比如对耕地与生态用地的保护，及减小居民对小汽车的依赖性，以减轻空气污染及缓解全球变暖问题[③]。大量研究倡导高密度、土地利用混合、规模有限的紧凑城市，以提高土地使用效率、减少对自然资源的占用、保护生态环境、增加公共设施服务水平、完善公共交通、提倡绿色出行方式、增强城市活力、刺激地方经济等。

我国的工业化及城镇化给城市带来了巨大的变化，同时面临着与上述发达国家相似的城市蔓延问题，通俗地被称作"摊大饼"。从字面上看来，"摊大饼"表现的是城市围绕一个核心，以同心圆的方式不断地向外扩张。其实质是随着人口的快速增长，城市盲目且无序地向外扩张，造成了城市无序发展、粗放的土地利用、基础设施缺乏等问题[④]。低效的土地利用是其主要的表现，中国土地城镇化的速度远远超过人口城镇化的速度。据统计，在2000年至2010年间，城镇建设用地的年均增长率为6.1%，而城镇人口的年均增长率仅为3.4%，城市人口密度呈下降趋势。

与西方研究相比，中国城市空间形态研究的侧重点有所不同。中国研究更加注重城市的物质空间，关注用地、建筑、景观的结构与状态；而西方的研究中，城市空间形态的内涵更为丰富，除了物质空间外，还把注意力放在经济、社会及环境影响方面。与国外多视角研究相比，中国更多的研究来自于城市地理、城市规划、建筑及景观设计方面的学者，主要关注的问题包括城镇体系空间结构、城市边界形状分析、城市空间发展结构、土地利用与交通规划、居住小区基础设施配置、城市景观设计等。城市地理学者除研究城镇体系结构外，还依据城市分形理论，对城市形状几何特征进行度量，如形状指数、紧凑度、分形维数等，研究其时空演化规律[⑤⑥]。城市规划学者主要从城市内部尺度入手，综合考虑影响城市空间形态的历史、文化、环境、经济等因素，为新城建设及古城保护提供参考[⑦⑧]。虽然，城市空间形态的理念已被规划师付诸各项规划的实践之中，但是对其理解大多还停留于形状美观层面上。建筑与景观设计方面的研究集中于小区、街区、细部尺度，以城市意向和空间品质为目标，进行设计实

① Clifton K J, Smith A D L, Rodriguez D. The development and testing of an audit for the pedestrian environment[J]. Landscape and Urban Planning, 2007, 80（1）: 95-110.
② Mehta V. Lively streets determining environmental characteristics to support social behavior[J]. Journal of Planning Education and Research, 2007, 27（2）: 165-187.
③ Burton E. The compact city: just or just compact? A preliminary analysis[J]. Urban studies, 2000, 37（11）: 1969-2006.
④ 刘志丹，张纯，宋彦. 促进城市的可持续发展：多维度，多尺度的城市形态研究——中美城市形态研究的综述及启示[J]. 国际城市规划，2012，2: 47-53.
⑤ 姜世国，周一星. 北京城市形态的分形集聚特征及其实践意义[J]. 地理研究，2006，25（2）: 204-212.
⑥ 王新生，刘纪远，庄大方，等. 中国特大城市空间形态变化的时空特征[J]. 地理学报，2005，60（3）: 392-400.
⑦ 郑莘，林琳. 1990年以来国内城市形态研究述评[J]. 城市规划，2002，26（7）: 59-64.
⑧ 段进. 城市形态研究与空间战略规划[J]. 城市规划，2003，27（2）: 45-48.

践[①]。可持续发展的城市空间形态也是近年来的研究热点，多数学者认为紧凑的城市空间形态是中国城市的必然选择，通过密集且邻里的开发模式提高土地利用集约程度、抑制城市蔓延，实现低碳城市的目的[②③④]。

### 1.3.3 城市空间形态测度

人口密度是最为直观和简单的城市空间形态指标，常常被用于度量城市蔓延[⑤⑥]。Galster（2001）制定了一套较为复杂的指标体系，涵盖密度、连接度、集中度、聚集度、中心度、核性、混合度与临近度8个方面，对美国13个地区进行了评价[⑦]。Smart Growth America（SGA）是美国有关精明增长研究中较为常用的城市空间形态指标，已对美国83个大都市区的蔓延情况进行了测度，包括居住密度、用地混合度、中心度及道路网络可达性四个方面的因素[⑧]。中心度用于衡量居住地与日常活动地之间的空间分离程度，其与商业中心或中央商务区的影响大小有关[⑨]。道路网络可达性表示到达目的地的便利程度，包括对道路网络布局与连通性的度量，也可用于对步行友好性的评价[⑩]。用地混合度表征土地利用类型在一定范围内的丰富程度与多样性，与单一性质的土地利用模式相悖[⑪]。GIS技术的快速发展与成熟为精确测度上述城市空间形态指标提供了信息技术工具，保证了评价结果的准确性。

与西方研究相比，国内研究在选取城市空间形态指标上更具宏观性与大尺度特征，多采用统计数据或遥感影像数据进行评价，这主要是由于国内小尺度或城市内部的GIS空间数据难以获取。遥感影像数据能够反映土地利用空间分布格局，可以利用景观格局指数测度城市空间形态。例如，叶昌东（2013）从形状特征、空间破碎度和空间紧凑度三个方面来评价城市空间形态，形状特征由圆形率和形状率表征，空间破碎度通过分形维数来反映，空间紧凑度以面积周长比和面积轴线比来表示[⑫]。李倩倩（2011）采用了类似的评价指标，使用平面轮廓形状的分维、形状指数和紧凑指数来度量城市空间形态，但采用了Boyce-Clark指数来评

① 张昌娟，金广君. 论紧凑城市概念下城市设计的作为[J]. 国际城市规划，2009，24（6）：108-117.
② 刘志林，钱云. 紧凑城市：OECD国家实践经验的比较与评估[M]. 北京：中国建筑工业出版社，2013.
③ 段龙龙，陈有真. 紧凑型生态城市：城市可持续发展的前沿理念[J]. 现代城市研究，2013（11）：72-78.
④ 吕斌，孙婷. 低碳视角下城市空间形态紧凑度研究[J]. 地理研究，2013，32（6）：1057-1067.
⑤ Churchman A. Disentangling the concept of density[J]. Journal of Planning Literature, 1999, 13（4）：389-411.
⑥ Johnson M P. Environmental impacts of urban sprawl: a survey of the literature and proposed research agenda[J]. Environment and Planning A, 2001, 33（4）：717-735.
⑦ Galster G, Hanson R, Ratcliffe M R, et al. Wrestling sprawl to the ground: defining and measuring an elusive concept[J]. Housing policy debate, 2001, 12（4）：681-717.
⑧ Ewing R, Pendall R, Chen D. Measuring sprawl and its transportation impacts[J]. Transportation Research Record: Journal of the Transportation Research Board, 2003（1831）：175-183.
⑨ Song Y, Knaap G. Measuring urban form: Is Portland winning the war on sprawl?[J]. Journal of the American Planning Association, 2004, 70（2）：210-225.
⑩ Jin X, White R. An agent-based model of the influence of neighbourhood design on daily trip patterns[J]. Computers, Environment and Urban Systems, 2012, 36（5）：398-411.
⑪ Lindstrom M J, Bartling H. Suburban sprawl: Culture, theory, and politics[M]. Rowman & Littlefield, 2003.
⑫ 叶昌东，周春山. 中国特大城市空间形态演变研究[J]. 地理与地理信息科学，2013，29（3）：70-75.

价形状指数[①]。Chen（2011）、Ou（2013）采用城市用地面积、斑块数量、平均周长面积比、最大斑块指数等景观指数作为城市空间形态测度指标[②③]。以上研究均是基于卫星遥感影像数据对城市用地进行解译，在此基础上分析城市空间形态特征。还有一类研究主要利用统计指标来评价城市空间形态。例如，王家庭（2010）、张帆（2012）等使用城市用地变化量与城市人口变化量的比值作为城市蔓延指数的测度[④⑤]。郑蔚（2009）利用城市建设用地、城市密度、人口密度、居住用地及其他用地四组变量，构建了中国省会城市紧凑度评价体系[⑥]。黄永斌（2014）从土地利用、经济、人口、基础设施、公共服务和生态环境协同六个维度对中国地级市城市紧凑程度进行评价[⑦]。

## 1.3.4　城市空间形态与交通出行

城市空间形态会对城市交通出行数量、频率、方式、时间及距离等方面产生直接或间接的影响[⑧]。大量研究认为，与交通出行指标密切相关的城市空间形态要素包括密度、用地混合、城市设计、可达性、公交服务等方面[⑨⑩]。西方国家准确、定期并开放的交通调查数据为该方面研究提供了基础，城市空间形态指标与出行频率、距离、方式及机动车行驶距离间的关系被广泛探讨[⑪⑫⑬]。Ewing（2010）对200余项案例研究结果进行了 meta-analysis 分析，发现可达性指标与机动车行驶距离相关性最大，其弹性值约为密度、土地利用混合、城市设计三个指标弹性之和[⑭]。Cervero（2010）采用结构方程模型分析了美国 370 个城市的截面数据，发现人口

① 李倩倩，刘怡君，牛文元．城市空间形态和城市综合实力相关性研究[J]．中国人口资源与环境，2011，21（1）：13-19．
② Chen Y, Li X, Zheng Y, et al. Estimating the relationship between urban forms and energy consumption: a case study in the Pearl River Delta, 2005–2008[J]. Landscape and urban planning, 2011, 102（1）: 33-42.
③ Ou J, Liu X, Li X, et al. Quantifying the relationship between urban forms and carbon emissions using panel data analysis[J]. Landscape ecology, 2013, 28（10）: 1889-1907.
④ 王家庭，张俊韬．我国城市蔓延测度：基于35个大中城市面板数据的实证研究[J]．经济学家，2010（10）：56-63．
⑤ 张帆．中国城市蔓延的影响因素分析——基于35个大中城市面板数据的实证研究[J]．湖北社会科学，2012（5）：69-72．
⑥ 郑蔚，梁进社，张华．中国省会城市紧凑程度综合评价[J]．中国土地科学，2009，23（4）：11-17．
⑦ 黄永斌，董锁成，白永平，等．中国地级以上城市紧凑度时空演变特征研究[J]．地理科学，2014，34（5）：531-538．
⑧ 马清裕，张文尝，王先文．大城市内部空间结构对城市交通作用研究[J]．经济地理，2004，24（2）：215-220．
⑨ Cervero R, Kockelman K. Travel demand and the 3Ds: density, diversity, and design[J]. Transportation Research Part D: Transport and Environment, 1997, 2（3）: 199-219.
⑩ Ewing R, Cervero R. Travel and the built environment: a synthesis[J]. Transportation Research Record: Journal of the Transportation Research Board, 2001（1780）: 87-114.
⑪ Badoe D A, Miller E J. Transportation–land-use interaction: empirical findings in North America, and their implications for modeling[J]. Transportation Research Part D: Transport and Environment, 2000, 5（4）: 235-263.
⑫ Cao X, Mokhtarian P L, Handy S L. Do changes in neighborhood characteristics lead to changes in travel behavior? A structural equations modeling approach[J]. Transportation, 2007, 34（5）: 535-556.
⑬ McMillan T E. Urban form and a child's trip to school: the current literature and a framework for future research[J]. Journal of Planning Literature, 2005, 19（4）: 440-456.
⑭ Ewing R, Cervero R. Travel and the built environment: a meta-analysis[J]. Journal of the American Planning Association, 2010, 76（3）: 265-294.

密度对机动车行驶距离的弹性值为 -0.38[①]。Ewing( 2014 )采用了最新的 2010 年交通调查数据，并在已有研究基础上对指标与数据进行了改进，结果表明人口密度对机动车行驶距离的弹性值为 -0.23[②]。以上研究说明，城市空间形态指标与交通出行特征间存在着显著关系，但具体的影响程度并没有一致的答案。

从 20 世纪 80 年代后期起，情景规划的方法开始被应用于城市土地利用与交通模拟，以研究城市空间形态与交通出行之间的相互影响关系。Bartholomew（2008）对 23 项利用情景规划方法模拟土地利用与交通方案的实例进行了分析，发现在控制人口与就业数量的情况下，高密度、用地混合的紧凑的城市发展模式能比原有方案减少 17% 的机动车行驶距离[③]。情景规划的方法也被广泛地用来评价土地利用与交通规划方案对资源与环境的影响。Lefèvre（2009）利用土地利用与交通整合模型，评价了印度 Bangalore 地区在不同规划情景下机动车能源消费情况[④]。Hadden（2012）将城市模拟与地表径流模型进行结合，分析了美国 Mecklenburg 郡在精明增长与蔓延增长两种规划情景下区域湖泊水质量的情况[⑤]。总的来讲，情景规划能够通过模拟未来不同的城市发展情况，为合理的城市土地利用与交通布局提供了依据，能够对多种方案进行比较和质疑，比较著名的城市模型有 MEPLAN、SLEUTH、UrbanSim、TRANUS、SLEUTH 等[⑥]。

国内早期研究主要采用宏观视角的定性分析方式，探讨城市空间结构对交通出行的影响。孙斌栋（2008）认为应该改变单中心城市结构，向功能相对独立、高密度开发、公共交通为主导的多中心城市空间结构转变，以改善城市交通状况，基本的对策主要包括：优化城市中心功能结构，控制城市"摊大饼"蔓延式扩张；分散中心城功能，加强卫星城与中心镇的建设；优先发展城市公共交通，连接中心城、卫星城和中心镇，构成多中心城市空间结构[⑦]。北京、上海等大城市陆续开展的交通调查项目为中国城市空间形态与交通出行关系的研究提供了数据基础。涂婷（2009）分析了上海市居住及就业空间对多个交通出行指标的影响，认为城市蔓延导致了机动车出行量增加，提高了居民出行距离和时间，并使公交和非机动化出行转为个体机动化出行[⑧]。Yang( 2012 )认为北京中心城区密度过高，导致了长时间的通勤及严重的交通拥堵，其在应对城市蔓延问题时，应区分紧凑发展与过度聚集两种城市空间形态，向以公共交通为主导的多中心城市结构转变[⑨]。Zhao（2010）在研究北京城郊地区城市空间形态与居民通勤关

① Cervero R, Murakami J. Effects of built environments on vehicle miles traveled: evidence from 370 US urbanized areas[J]. Environment and planning A, 2010, 42 ( 2 ): 400-418.
② Ewing R, Hamidi S, Gallivan F, et al. Structural equation models of VMT growth in US urbanised areas[J]. Urban Studies, 2014: 51 ( 14 ): 3079-3096.
③ Bartholomew K, Ewing R. Land use-transportation scenarios and future vehicle travel and land consumption: a meta-analysis[J]. Journal of the American Planning Association, 2008, 75 ( 1 ): 13-27.
④ Lefèvre B. Long-term energy consumptions of urban transportation: A prospective simulation of "transport-land uses" policies in Bangalore[J]. Energy Policy, 2009, 37 ( 3 ): 940-953.
⑤ Hadden Loh T. Understanding urban development and water quality through scenarios[D]. The University of North Carolina at Chapel Hill, 2012.
⑥ 刘伦，龙瀛，麦克，等. 城市模型的回顾与展望——访谈麦克·巴蒂之后的新思考[J]. 城市规划，2014 ( 8 ): 63-70.
⑦ 孙斌栋，潘鑫. 城市空间结构对交通出行影响研究的进展[J]. 城市问题，2008 ( 1 ): 19-22.
⑧ 涂婷，孙斌栋. 单中心与多中心视角下的上海城市交通问题与改善策略[J]. 城市公用事业，2009 ( 3 ): 1-4.
⑨ Yang J, Shen Q, Shen J, et al. Transport impacts of clustered development in Beijing: Compact development versus overconcentration[J]. Urban Studies, 2012, 49 ( 6 ): 1315-1331.

系时发现，低密度的城市蔓延延长了郊区与市中心的通勤距离，新建道路设施已无法满足机动车出行的需求，在城郊地区实施严格的城市增长管理是缓解城市蔓延、抑制机动车出行量增长的有效手段[①②]。Wang（2011）依据北京市社区居民出行调查数据，利用结构方程模型研究城市空间形态及社会经济属性对个体交通出行行为的影响，发现单位社区居民的出行时间、距离及机动车依赖性更低，而在商品房及政策性保障房的居民出行时间和距离会更长、私家车使用率更高、户外活动时间更少，另外验证了城市空间形态对男性和女性的出行行为有着不同影响的理论[③]。

近年来，一些研究也开始探索土地利用与交通整合模型在我国城市的应用。陈雪明（2008）在传统的四阶段交通模拟模型基础上，对模型内部假设、变量和模拟过程进行了改进，使用4D 弹性系数处理模拟结果，以评价精明增长政策对城市交通产生的影响[④]。龙瀛（2011）利用基于多智能体的城市模拟模型对城市空间形态与能源消耗的关系进行了研究，设置了单就业中心分散、单就业中心紧凑、单就业中心 TOD、单就业中心绿隔、多就业中心分散与多就业中心紧凑几个情景，发现在多就业中心紧凑发展的模式下，城市经济活动范围较为集中，就业地与居住地距离缩短，出行总距离与能源消耗最小[⑤]。周健（2013）利用土地利用与交通整合模型对厦门岛内不同住区形态变化情景下的人口、就业、土地结构及空间分布进行了研究，分析了住区形态变迁对居民通勤能源的影响，结果表明适当的城市公共政策能够减少交通出行距离及能源消耗[⑥]。总的来说，国内土地利用与交通整合模型的研究已经从理论探讨过渡到实证应用阶段，简单的定性分析方式逐渐转为定量的模拟分析，然而现阶段仍然以静态模型为主导，缺乏对土地利用与交通之间反馈关系的动态表达，且与其他资源环境模型相结合的应用与研究还偏少。

## 1.3.5　城市空间形态与空气污染

城市规划学与空气污染的关联研究由来已久。早在 19 世纪，城市规划师便尝试通过隔离居住区和工业区，来抑制工业化带来的空气污染。21 世纪后，机动车尾气成为城市空气污染的主要来源，一些研究希望通过塑造良好的城市空间形态，以减少尾气排放，改善呼吸环境。然而，何种城市空间形态能够最大限度地改善空气质量，仍存在很多不同的观点。高密度紧凑集约的城市空间形态通常被认为有助于改善空气质量。此观点源于城市空间形态与交通出行关系上的研究结论，即高密度紧凑的空间形态有助于提升公交分担率，降低私家车依赖性，减少机动车出行距离。在欧美发达国家，大多学者在相关交通调查数据的基础上开展统计分析研究，以探讨城市空间形态、机动车尾气排放、城市空气污染间的关系。美国环境保

① Zhao P. Sustainable urban expansion and transportation in a growing megacity: Consequences of urban sprawl for mobility on the urban fringe of Beijing[J]. Habitat International, 2010, 34 (2): 236-243.
② Zhao P, Lü B, de Roo G. Urban expansion and transportation: the impact of urban form on commuting patterns on the city fringe of Beijing[J]. Environment and planning. A, 2010, 42 (10): 2467-2486.
③ Wang D, Chai Y, Li F. Built environment diversities and activity-travel behaviour variations in Beijing, China[J]. Journal of Transport Geography, 2011, 19 (6): 1173-1186.
④ 陈雪明.四阶段模型对精明增长模拟的探讨 [J]. 城市交通, 2008, 6 (1): 59-64.
⑤ 龙瀛,毛其智,杨东峰,等.城市形态,交通能耗和环境影响集成的多智能体模型 [J]. 地理学报,66（8）: 1033-1044.
⑥ 周健.住区形态变迁与居民通勤能源消费的关系 [J]. 应用生态学报, 2013, 24 (7): 1977-1984.

护局通过总结早期研究结论认为，影响城市空气质量的主要城市空间形态要素包括密度、土地利用混合、公交可达性、步行环境 / 城市设计因素、区域开发模式，如表 1-1 所示。Vande Weghe（2007）研究了多伦多地区机动车尾气排放量及空间分异情况，试图找出城市密度与机动车尾气排放间的关系，结果表明高密度的发展模式能够减少机动车能源消耗及相应的尾气排放[1]。除了对单一城市多个微观尺度上的社区出行进行比较分析外，还有研究试图根据不同城市间的截面数据来找寻经验结论。Stone（2008）研究了美国 45 个大都市区城市空间形态与空气质量间的关系，以长达 13 年的城市臭氧浓度数据作为空气质量指标，研究发现蔓延度高的城市其污染超标天数远高于紧凑的城市地区[2]。Geurs（2006）对荷兰 30 年紧凑的城市发展模式进行了评估，认为如果缺少了紧凑的城市发展政策，荷兰的城市蔓延、机动车使用、机动车尾气污染及噪声问题将会比现在变得更为严重[3]。全球 32 个城市的居住密度与人均交通能源消耗间存在显著的负相关性，高密度城市的人均交通能源消耗显著低于低密度城市，低密度城市的人均交通尾气排放量比高密度城市多 2 ~ 2.5 倍[4]。Lyons（2003）通过研究北美、欧洲、亚洲、澳洲范围内 84 个城市的发展情况认为，减少城市用地向外部蔓延的程度有益于改善本地区的空气质量[5]。Sovacool（2010）对 12 个首都 $CO_2$ 排放量进行了比较，发现高紧凑度的城市往往具有更低的能源消耗和污染排放[6]。Bereitschaft（2013）探讨了美国 86 座大都会区的情况，认为低密度的城市蔓延会导致较高的空气污染排放及浓度[7]。还有一些研究表明，城市用地的空间破碎度与空气污染状况呈正相关[8]。

EPA 总结的影响空气质量的城市空间形态要素　　　　　　　　　　　表 1-1

| 指标 | 影响空气质量途径 |
| --- | --- |
| 密度 | （1）缩短机动车出行距离，降低小汽车的依赖性，提高步行、自行车等其他交通模式的使用频率<br>（2）方便大型公共交通系统的布局，减少公交建设和运营成本 |
| 土地利用混合 | （1）缩短出行距离，提高步行次数，降低机动车拥有率<br>（2）减少通勤距离 |
| 公交可达性 | （1）提高公交乘坐率及分担率，降低小汽车出行次数<br>（2）降低机动车拥有率 |

① VandeWeghe J R, Kennedy C. A spatial analysis of residential greenhouse gas emissions in the Toronto census metropolitan area[J]. Journal of industrial ecology, 2007, 11（2）: 133-144.
② Stone B. Urban sprawl and air quality in large US cities[J]. Journal of environmental management, 2008, 86（4）: 688-698.
③ Geurs K T, van Wee B. Ex-post evaluation of thirty years of compact urban development in the Netherlands[J]. Urban studies, 2006, 43（1）: 139-160.
④ Norman J, MacLean H L, Kennedy C A. Comparing high and low residential density: life-cycle analysis of energy use and greenhouse gas emissions[J]. Journal of urban planning and development, 2006, 132（1）: 10-21.
⑤ Lyons T J, Kenworthy J R, Moy C, et al. An international urban air pollution model for the transportation sector[J]. Transportation Research Part D: Transport and Environment, 2003, 8（3）: 159-167.
⑥ Sovacool B K, Brown M A. Twelve metropolitan carbon footprints: a preliminary comparative global assessment.[J]. Energy Policy, 2010, 38（9）: 4856-4869.
⑦ Bereitschaft B, Debbage K. Urban form, air pollution, and $CO_2$ emissions in large US metropolitan areas[J]. The Professional Geographer, 2013, 65（4）: 612-635.
⑧ Bechle M J, Millet D B, Marshall J D. Effects of income and urban form on urban $NO_2$: Global evidence from satellites[J]. Environmental science & technology, 2011, 45（11）: 4914-4919.

| 指标 | 影响空气质量途径 |
|---|---|
| 步行环境／城市设计因素 | （1）通过提高步行及自行车出行的意愿，降低小汽车出行次数<br>（2）降低机动车拥有率 |
| 区域开发模式 | （1）对起始点与终点进行合理布局，减少机动车行驶次数与距离<br>（2）围绕主要的城市中心和公交节点进行开发，以鼓励公共交通的使用，并降低机动车出行次数 |

（表格来源：EPA Guidance：Improving Air Quality Through Land Use Activities. 2001）

然而，亦有不少学者认为高密度紧凑的城市空间形态并不能显著地改善空气质量，甚至可能会引发更严重的空气污染，影响呼吸健康。Cho（2014）选取韩国 17 个城市进行面板数据分析，发现紧凑的空间形态对空气质量并无明显的改善作用，相反高密度会导致 $SO_2$ 和 $CO$ 浓度的上升[1]。Rodríguez（2016）测算了 249 个欧洲城市的状况，结果显示高密度的城市易受高浓度 $SO_2$ 的污染[2]。另外，一些研究认为高密度的空间形态将增加暴露于空气污染之中的人口数量，导致更大的健康威胁[3][4]。Schweitzer（2010）通过美国 80 个地区的观测数据发现，虽然相对紧凑的空间形态对应较低的 $O_3$ 浓度，但 $O_3$ 及 $PM_{2.5}$ 的人群暴露水平则更高[5]。Clark（2011）将样本扩大至美国 111 个城市后，同样发现 $PM_{2.5}$ 人群暴露会随着人口密度上升而提高，但公交便利度会降低 $PM_{2.5}$ 人群暴露水平[6]。

"自下而上"的模拟模型也常被用于评估城市空间形态对空气质量的影响，对土地利用与交通模型（TRANPLAN，TRANUS，VISUM，TASHA-MATsim）、尾气排放模型（MOVE，MOBILE，TREM）、空气扩散模型（MEMO/MARS，CALPUFF）进行整合，以土地利用格局作为输入参数，模拟城市及区域的尾气排放或空气质量[7][8][9]。例如，波特兰市在 20 世纪 90 年代就开始采用土地利用—交通—空气质量整合模型——LUTRAQ 进行交通出行与尾气排放的

① Cho H S, Choi M J. Effects of Compact Urban Development on Air Pollution: Empirical Evidence from Korea[J]. Sustainability, 2014, 6（9）: 5968-5982.
② Rodríguez M C, Dupont-Courtade L, Oueslati W. Air pollution and urban structure linkages: Evidence from European cities[J]. Renewable & Sustainable Energy Reviews, 2016, 53: 1-9.
③ Hixson M, Mahmud A, Hu J, et al. Influence of regional development policies and clean technology adoption on future air pollution exposure[J]. Atmospheric Environment, 2010, 44（4）: 552-562.
④ De Ridder K, Lefebre F, Adriaensen S, et al. Simulating the impact of urban sprawl on air quality and population exposure in the German Ruhr area. Part II: Development and evaluation of an urban growth scenario[J]. Atmospheric Environment, 2008, 42（30）: 7070-7077.
⑤ Schweitzer L, Zhou J. Neighborhood air quality, respiratory health, and vulnerable populations in compact and sprawled regions[J]. Journal of the American Planning Association, 2010, 76（3）: 363-371.
⑥ Clark L P, Millet D B, Marshall J D. Air quality and urban form in US urban areas: evidence from regulatory monitors[J]. Environmental science & technology, 2011, 45（16）: 7028-7035.
⑦ Bandeira J M, Coelho M C, Sá M E, et al. Impact of land use on urban mobility patterns, emissions and air quality in a Portuguese medium-sized city[J]. Science of the total environment, 2011, 409（6）: 1154-1163.
⑧ Hao J, Hatzopoulou M, Miller E. Integrating an activity-based travel demand model with dynamic traffic assignment and emission models: Implementation in the Greater Toronto, Canada, Area[J]. Transportation Research Record: Journal of the Transportation Research Board, 2010（2176）: 1-13.
⑨ 宋彦，钟邵鹏，章征涛，等．城市空间结构对 $PM_{2.5}$ 的影响——美国夏洛特汽车排放评估项目的借鉴和启示 [J]. 城市规划，2014（5）: 9-14.

评估，研究发现，与新建高速公路、扩宽道路容量方案相比，采用公交导向开发模式能降低8%的机动车出行距离，$NO_x$和CO排放量分别下降了6%和3%。这类模拟模型同样在萨克拉门托、华盛顿特区、洛杉矶、巴尔的摩等城市进行了应用，结果表明合理的土地开发及公共交通模式能够提高公交分担率，降低私家车出行次数，从而降低机动车行驶距离与尾气排放量。例如，Borrego（2006）构建了微观尺度的光化学污染模拟模型 MEMO/MARS，以模拟城市蔓延、紧凑城市等多种规划情景下的空气污染状况，结果表明，高密度、多混合度的紧凑城市情景比低密度、分散发展情景的空气质量更好[1]。

近年来，国内学者开始将目光投向城市空间形态与空气质量的关系上，但研究还处于初步阶段，尚未达成一致的、明朗的结论。一些研究认为低密度分散的城市空间形态是导致长距离机动出行、交通拥堵的原因之一，而高密度、多用地混合及较好公交服务的紧凑形态有利于缩短机动车出行距离，减少尾气污染排放。也有学者认为，对于密度已经较高、混合用地普遍的中国城市而言，高密度紧凑集约的空间形态并不适用。张纯（2014）借鉴国外相关研究经验并结合中国城市特点与背景，构建了由发生模型、影响模型及测度模型组成的城市空间形态与空气质量关系识别和分析框架，提出国内研究可以从空气污染物来源、对污染产生影响的城市空间形态因素及具体测度指标等方面进行展开[2]。随后，她收集并整理了 2001～2010 年的中国地级市 $PM_{10}$ 和城市空间形态相关数据，利用多元线性回归模型来探讨城市空间形态对雾霾的影响和演化规律[3]。模型结果表明，在控制了城市规模和地理区位后，提高公共交通供给、使用绿色能源、增加绿地面积能够优化空气质量，而第二产业比重、污染产业规模、工业能耗、建成区面积及人口密度等指标对空气质量有负作用。Qin（2013）等基于北京市 5 个社区 1227 份住户出行调查的结果，分析了多个城市空间形态指标对居民出行碳排放的影响，研究发现较高的人口密度、土地利用混合度、公共交通邻近度及职住平衡程度都有助于减少居民交通出行的碳排量[4]。马静（2011）基于北京市居民活动日志调查数据，分析出行行为并计算机动车碳排放，利用结构方程模型挖掘居住形态、个体行为和交通碳排放间的联系，发现城市空间形态对交通碳排放有着显著的影响，在就业密度高、靠近就业中心、地铁邻近的社区中居民出行距离更短，且具有低碳工作出行的属性；而在商业密度和土地利用混合度更高的社区，居民非工作出行距离更短且碳排放更低；就业与居住地点的空间错位可能是增加工作出行距离与交通碳排放的主要因素[5]。Ma（2014）以出行调查数据与人口调查数据为基础，综合运用模拟退火等算法构建了北京市居民出行微观模拟模型，对交通小区尺度上的出行距离、出行模式及碳排放进行评价[6]。Liu（2016）

① Borrego C, Martins H, Tchepel O, et al. How urban structure can affect city sustainability from an air quality perspective[J]. Environmental modelling & software, 2006, 21（4）: 461-467.
② 张纯，张世秋. 大都市圈的城市形态与空气质量研究综述：关系识别和分析框架 [J]. 城市发展研究，2014, 21（9）: 47-53.
③ 张纯. 中国城市形态对雾霾的影响及演化规律研究——基于地级市 $PM_{10}$ 年均浓度的分析 [J]. 2014年中国城市规划年会论文集，2014.
④ Qin B, Han S S. Planning parameters and household carbon emission: Evidence from high-and low-carbon neighborhoods in Beijing[J]. Habitat International, 2013, 37: 52-60.
⑤ 马静，柴彦威，刘志林. 基于居民出行行为的北京市交通碳排放影响机理 [J]. 地理学报，2011（8）: 1023-1032.
⑥ Ma J, Heppenstall A, Harland K, et al. Synthesising carbon emission for mega-cities: a static spatial microsimulation of transport $CO_2$ from urban travel in Beijing[J]. Computers, Environment and Urban Systems, 2014, 45: 78-88.

分析了中国 30 个城市的面板数据,发现城市用地紧凑度的上升会增加 $PM_{10}$ 的浓度 [1]。相反,Lu(2016)研究了中国 287 个地级以上城市污染数据,发现用地紧凑度大体上与 $NO_2$ 及 $SO_2$ 浓度呈负相关,但影响效果会随着地区差异而不同 [2]。

## 1.4 研究内容与框架

为了探寻我国城市空间形态与空气质量之间的关系,本书进行了系统的研究,综合应用多源数据、统计分析、城市模型等技术方法,从多个尺度上探讨城市空间形态对空气污染的影响机理及规划调控策略(图 1-2)。本书共分为 7 章,主要研究内容如下。

(1)基础理论与方法:①总结我国主要空气污染物的来源,并从人体健康、气候环境、农业生产等方面阐述空气污染的危害。②对城市空间形态的概率进行界定,分析其内涵及组成元素,并总结城市空间形态的主要的模式类型。③分析规划支持系统的定义、特征及功能作用,介绍了国外应用较多的几种土地利用与交通整合模型。④依据现有研究,建立城市空间形态对空气质量影响的概念模型,分析各类空间形态要素对空气质量的直接及简介影响方式。

(2)城市空间形态对空气质量的影响:采用全国 157 个城市的截面数据,测度城市空间形态与空气污染浓度,利用线性回归模型来研究两者之间的关联,主要探讨空气质量是否与城市空间形态紧密相关? 各个形态指数对不同空气污染物浓度的影响程度如何? 城市蔓延是否会导致空气质量的恶化?

(3)城市空间形态对雾霾污染的影响:以雾霾污染的主要元凶 $PM_{2.5}$ 为关注对象,采用卫星遥感技术测量了 269 个城市的 $PM_{2.5}$ 浓度,并采用空间统计模型排除污染区域传输的干扰,从机动车使用、绿化调节、污染物扩散、热岛效应四方面研究城市空间形态对雾霾污染的影响。

(4)城市空间形态对机动车尾气的影响:选取厦门市为研究区域,依据"自下而上"建模思想,采用规划决策支持技术建立土地利用—交通—尾气一体化模拟模型,定量评估不同城市空间形态发展情景下城市机动车尾气排放量及空间分布情况,为对比与评价不同规划方案的合理性提供技术手段。

(5)规划要素对 $PM_{2.5}$ 污染暴露的影响:以武汉市为例,利用位置服务数据分析居民时空行为,采用遥感技术反演 $PM_{2.5}$ 浓度空间分布,对 $PM_{2.5}$ 污染暴露水平进行评估,并采用 GIS 空间分析及统计方法,探讨城市空间结构、土地使用、空间形态、道路交通、绿地与开放空间等城市规划要素对 $PM_{2.5}$ 污染暴露的影响作用,并提出规划优化对策。

---

[1] Liu Y, Arp H P H, Song X, et al. Research on the relationship between urban form and urban smog in China[J]. Environment & Planning B: Planning & Design, 2017, 44(2):328-342.
[2] Lu C,Liu Y. Effects of China's urban form on urban air quality[J]. Urban Studies,2016,12(53):2607-2623.

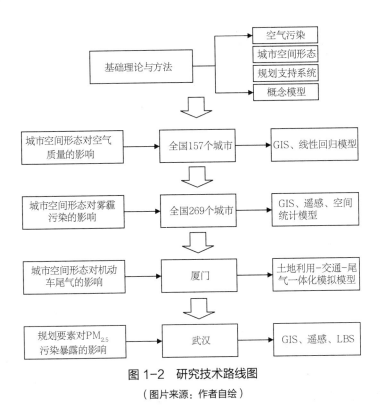

图 1-2　研究技术路线图

**（图片来源：作者自绘）**

# 第 2 章 基础理论与方法

## 2.1 空气污染

### 2.1.1 空气污染来源

我国空气污染物包括可吸入颗粒物 $PM_{10}$、细颗粒物 $PM_{2.5}$、氮氧化合物 $NO_x$、二氧化硫 $SO_2$、臭氧 $O_3$、一氧化碳 CO、挥发性有机物 VOC 等，其来源为工业、生活燃料燃烧及汽车尾气排放[1]。$PM_{10}$ 主要有烟尘集合体、不规则矿物、规则矿物和球形颗粒几种类型。烟尘集合体主要来源是燃煤和机动车尾气；不规则矿物颗粒物来源于扬尘；规则矿物为二次大气化学反应产物；球形颗粒物为硝酸盐和硫酸盐颗粒等二次生成粒子、燃煤飞灰。$PM_{2.5}$ 包含一次和二次颗粒物，一次颗粒物来自于机动车尾气、燃煤排放、冶金、金属加工等工业过程排放和秸秆等物质燃烧直接排放的颗粒物，以及气态的凝结物；二次颗粒物是气态污染物在空气中经过化学反应生成的硝酸盐、硫酸盐、铵盐及有机碳等二次细粒子。$NO_x$ 包括 NO、$N_2O$、$N_2O_3$、$NO_2$、$N_2O_4$、$N_2O_5$ 等，主要以 NO、$NO_2$ 形式出现，它们主要来自工业生产和机动车排放的尾气，以及居民生活用火燃烧过程，其中汽车尾气排放的最多。$SO_2$ 主要来自工业生产中的化石燃料燃烧，及硫化物矿石的焙烧、冶炼等过程。CO 的主要来源是含碳燃料的不充分燃烧，其随着工业废气和汽车尾气进入该地区附近的大气中。VOC 指的是像苯、甲醛、甲苯、二甲苯、乙苯、乙烷以及多环芳香烃等，以气体形式存在的、非常容易蒸发的有机化合物。一部分挥发性有机物产生于工业生产过程中，另一部分汽车尾气的排放。氮氧化合物与挥发性有机物在太阳光和热的作用下，经化学反应会形成二次污染物臭氧 $O_3$。

从经合组织成员国城市来看，几大污染物的主要来源已经从发电、取暖及工业生产逐步转为汽车尾气排放[2]：约有 25% ~ 50% 的 $NO_2$ 及挥发性有机物，分别来自于汽车活动中的汽油及柴油的燃烧；CO 有 50% 以上来自汽油燃料的不充分燃烧，随汽车尾气排入大气中；50% 以上的铅污染的来源为含铅汽油的使用；可吸入微粒的主要来源也从工业及生活燃烧，转为汽车的使用。根据经合组织对 2005 ~ 2010 年全球空气污染成本的测算报告[3]，经合组织国家每年因机动车尾气污染造成丧失生命、破坏健康损失的社会财富近一万亿美元，约为空气污染造

---

成总损失的 50%。

  随着我国居民收入的提高及机动车价格的降下，我国机动车数量呈快速增长趋势，给城市空气质量带来了巨大的威胁。周文华（2005）对北京市空气质量影响因素进行了研究，发现北京市大气污染物呈现由烟煤型向机动车尾气型转化的特征[①]。从 20 世纪 90 年代到本世纪初期，北京市机动车年增长率超过 16%，2003 年便达到 200 万辆，道路机动车密度为 137 辆 /km。张菊（2006）利用 1983 ~ 2003 年长达 20 年的环境空气定点监测数据，分析了北京市城近郊区空气质量的变化趋势及其影响因素[②]，结果表明 1987 ~ 2002 年间的机动车保有量与 $NO_x$ 浓度呈显著的正相关关系，而机动车尾气排放标准的制定对 $NO_x$ 浓度的改善起到了一定的作用；空气污染处在烟煤型转向机动车尾气型的过程中，呈复合型污染特征；$PM_{10}$、$PM_{2.5}$ 与 $O_3$ 成为了主要的污染物。张小曳（2013）对北京市颗粒物污染源进行解析，将其归纳为燃煤、燃油、与居民活动有关的排放三类：机动车贡献了 23%，为最大的污染源；工业燃煤占 18%，生活商业燃煤占 14%，也是主要的污染源；居民日常生活及其他活动占了 19%。他认为控制机动车尾气排放是消减燃油型污染排放源头的关键，由于机动车（尤其是私家车）保有量的持续攀升，必须采用综合的政策引导、技术手段等相关措施[③]。彭应登（2013）对 2013 年初北京严重雾霾污染的成因进行了分析，认为此次雾霾 $PM_{2.5}$ 的主要来源为外地传输，其比例为 27.6%，本地机动车污染源占到了 21.5%，超过了贡献率为 18.7% 的本地燃煤污染源，控制本地机动车与燃煤污染是改善城市空气质量的重中之重[④]。在珠三角地区，机动车尾气是 $PM_{2.5}$ 与 $PM_{10}$ 第二大污染源，分别占到了 35.5% 与 21.7%[⑤]。Zhang（2009）对全国范围内多种空气污染物排放量及污染源进行了估算，结果表明：在全国尺度上，机动车尾气排放占到 $NO_x$、CO 及 VOC 三大污染物排放总量的 24%，20% 及 29%；在城市尺度上，机动车尾气对 $NO_x$、CO 及 VOC 的贡献率提升至 40% ~ 70%[⑥]。另有研究指出，由机动车排放的黑碳（含碳物质不完全燃烧发生热解的产物，粒度仅 0.01 ~ 0.05 微米）在 30 年间上升了 6.8 倍，成为了全国范围内最大的污染源[⑦]。

  与经合组织国家近年来严格的车辆排放控制政策相比，中国因交通量的迅速增加，而排放限制工作未能有效跟上，空气污染变得更为严重。根据现有最可靠的评估，2010 年中国室外空气污染的健康影响经济成本约 1.4 万亿美元，接近经合组织成员国总数，虽尚无充分数据估计机动车污染所占比例，但即使不到一半也会有很大的贡献率。可以认为，机动车尾气排放已经逐渐成为我国空气污染的主要源头，控制机动车尾气排放是改善城市空气质量、减少

① 周文华，王如松，张克锋 . 人类活动对北京空气质量影响的综合生态评价 [J]. 生态学报，2005（09）：2214-2220.

② 张菊，苗鸿，欧阳志云，等 . 近 20 年北京市城近郊区环境空气质量变化及其影响因素分析 [J]. 环境科学学报，2006，26（11）：1886-1892.

③ 张小曳，孙俊英，王亚强，等 . 我国雾－霾成因及其治理的思考 [J]. 科学通报，2013，58（13）：1178-1187.

④ 彭应登 . 北京近期雾霾污染的成因及控制对策分析 [J]. 工程研究：跨学科视野中的工程，2013,5（3）：233-239.

⑤ Liu H, He K. Traffic optimization: A new way for air pollution control in China's Urban Areas[J]. Environmental science & technology, 2012, 46（11）: 5660-5661.

⑥ Zhang Q, Streets D G, Carmichael G R, et al. Asian emissions in 2006 for the NASA INTEX-B mission[J]. Atmospheric Chemistry and Physics, 2009, 9（14）: 5131-5153.

⑦ Wang R, Tao S, Shen H, et al. Global emission of black carbon from motor vehicles from 1960 to 2006[J]. Environmental science & technology, 2012, 46（2）: 1278-1284.

空气污染对居民健康危害、降低污染带来社会财富损失的有效方法之一。

## 2.1.2 空气污染危害

国际标准化组织（ISO）认为，空气污染指的是由于人类活动及自然过程引起的某些物质进入空气中，达到足够的浓度和时间后，危害到人体舒适、健康和福利或危害到环境。人体舒适与健康指的是从对生活环境和生理机能的影响，到引发的各类疾病以至死亡；福利包含了人类生存必不可缺的生物、自然资源及财产。

（1）对人体健康的危害

空气污染对人体健康的危害主要通过呼吸、饮水与饮食、体表接触三个途径，其中污染物通过呼吸道进入人体是主要途径，其危害也最大。空气污染对人体的心血管系统、消化系统、神经系统、泌尿系统均有不良影响，会引起支气管炎、哮喘、肺气肿、肺癌等疾病。不同的污染物给人体造成的危害各不相同。$SO_2$ 主要影响呼吸道系统，对人体的结膜和上呼吸道黏膜具有强烈的刺激，容易引发哮喘、慢性支气管炎、肺气肿等疾病。$NO_x$ 中的 NO 会通过呼吸道和肺部进入血液，使血红蛋白失去输氧能力。$NO_x$ 中对人体呼吸道系统有毒害作用，引发肺水肿等疾病，还会对儿童的肺部发育造成损害。CO 会造成人体各组织输氧不足，对中枢神经和心肌功能影响最大，产生中毒症状，引起头晕眼花、大脑损伤、呼吸苦难，严重者甚至死亡。$O_3$ 几乎能与任何生物组织反应，危害呼吸道系统、视觉系统、中枢神经系统、皮肤等，引发胸闷咳嗽、咽喉肿痛、哮喘、肺气肿和肺组织损伤、视觉敏感度和视力降低、头痛、胸痛、思维能力下降等症状或疾病。可吸入颗粒物，特别是细颗粒物无法被人体呼吸系统的屏障阻挡，会深入细支气管和肺泡，造成咳嗽、鼻炎咽炎、加重哮喘、导致慢性支气管炎；在进入血液系统后，造成心律失常、心肌梗塞、非致命性的心脏病、心肺病患者的过早死等病症；其还会搭载各种细菌、病毒等有害物质、致癌物质进入人体内部，导致致癌概率大幅上升。苯、甲醛、甲苯等挥发性有机物具有致癌性质，还会与氮氧化合物发生反应，形成光化学烟雾，对眼睛和黏膜造成刺激，引发头痛、呼吸障碍、慢性呼吸道疾病恶化、肺功能异常等疾病。

（2）对气候的影响

空气污染与区域或全球的气候变化有着相互影响作用[1]。最突出的影响有以下几个方面：①排放的微粒进入大气后，会增加大气降水量，降落的酸雨会对人体和动植物造成危害，另外污染还会影响大气环流，进而改变降水量分布。② $SO_2$ 及 $NO_x$ 经过氧化后会转化为硫酸、硝酸及亚硝酸，随降水降落形成酸雨，损坏土壤与水体，毁坏森林与农作物，腐蚀建筑物和工业设备等。③大量的烟尘微利进入大气后会是空气变浑浊，遮挡阳光，减少到达地面的太阳辐射量，使人体、动物及植物缺乏阳光发育不好。④建筑、机动车及工厂排放大量的热量，会形成热岛效应，增高城市近地面温度。⑤空气中的颗粒物对光有着散射和吸收作用，降低空气能见度，其中细颗粒物的消光作用最强，因此 $PM_{2.5}$ 往往成为雾霾天气的元凶。在大气环流相对稳定及逆温层存在的情况下，遇到日照强烈、温度较低、天旱少雨的天气，气态污染物之间极易发生各种光化学反应，形成高浓度 $PM_{2.5}$ 的雾霾天气。⑥城市生活和工业生产产生的大量 $CO_2$ 排入大气中后，会吸收地面的长波辐射，使近地面层空气温度升高，形成温室效应。经估

---

[1] Ramanathan V, Feng Y. Air pollution, greenhouse gases and climate change: Global and regional perspectives[J]. Atmospheric Environment, 2009, 43（1）: 37-50.

算，若大气中 $CO_2$ 含量按现在的速度增加下去，会导致全球气候异常，在若干年后冰川融化，海平面上升。

（3）对农业的危害

空气污染对农业的影响十分突出。农作物在长时间暴露在空间污染下，会造成生长发育不良，不仅会降低农产品的产量，还会影响其品质及外观。例如，$SO_2$ 就是植物的死敌，在低浓度时就能搞造成植物生长缓慢、落叶、枯死等受害症状。当 $SO_2$ 及 $NO_x$ 形成酸雨降落地面后，不仅会直接腐蚀农作物，还会破坏土壤及水质，其毒性更强。

## 2.2 城市空间形态

### 2.2.1 定义

城市空间形态在美国通常称为 Urban Form，而在欧洲一般叫做 Urban Morphology，其定义有狭义与广义的区别。从狭义上来讲，城市空间形态是城市的各种组成部分，诸如住宅、商店、公园、街道等物质要素平面及立体的布局、风格、形态等有形的表现，或是城市用地在空间上呈现的几何形状特征，其指的是城市空间实体展现出来的具体物质形态。武进（1990）认为城市空间形态为城市有形元素的空间布局方式，包括城市土地利用模式、建筑环境、功能区空间分异及道路网络结构，在更大尺度上还指城镇群组的空间位置关系及结构变化特征。城市形状和空间结构是城市空间形态重要的两个特征[1]。城市形状是指从几何意义上描述城市外部轮廓的图形特征，属于低层次研究；城市空间结构涵盖社会结构、产业结构、地域结构等方面，主要指城市中各物质要素地理空间位置关系，与地理要素的形状变化无关。城市空间形态涵盖城市形状和空间结构两个方面，但内涵更为广泛。因此，武进将城市空间形态定义为空间结构、城市形状和相互关系所组成的空间系统，其中空间结构代表城市要素的空间位置，城市形状表示城市外部的空间轮廓，相互关系指要素之间的相互作用和组织。王慧芳（2014）根据不同学科、不同尺度下的概念和内涵，将城市空间形态归纳为城市布局形态、城市结构形态及城市肌理形态三大类型。城市布局形态指城市要素的空间分布形式，是城市物质的空间布局和开发模式[2]。城市结构形态指的是城市要素的分布和联系、物质空间的外部和内部结构，它是多种空间理念和活动所形成和表现的空间结构。城市肌理形态反映的是在中、微观尺度下，街区及建筑等物质要素构成的城市肌理特征。李泽（2014）认为城市物质形态的内涵为城市整体和内部的组成要素在城市地理空间的分布状况，包括城市整体轮廓形态、城市内部布局和结构形态以及城镇群分布形态[3]。本书主要针对城市整体和内部形态两方面展开，暂不考虑城镇群体系层次。

凯文·林奇（2001）归纳了多种城市空间形态的模式类型[4]，具体包括：

（1）星形或放射形城市空间形态。此种模式的城市在中心具有人口密集的多功能核心，由核心向外散发出多条交通主干线，其上间隔分布着副中心。多条环线道路围绕核心区分布，连接不同放射线上的城市副中心。星形城市通常是高度紧凑的城市沿着放射路发展的结果，其

① 武进.中国城市形态：结构，特征及其演变[M].江苏科学技术出版社，1990.
② 王慧芳，周恺.2003-2013 年中国城市形态研究评述[J].地理科学进展，2014，33（5）：689-701.
③ 李泽，黄经南，张天洁.城市形态研究百年纵览[J].新建筑，2014，（6）：131-135.
④ 凯文·林奇.城市形态[M].华夏出版社，2001.

中心核心区最为活跃，次中心与核心区保持紧密联系且伴随发展。该模式特别适合中型城市的发展，当多数交通出行为发散模式时城市传输系统效率最高。当放射道路向外延伸过远时，城市环路作用增大，道路网络变得复杂且庞大，交通枢纽容易出现交通拥堵。

（2）卫星城的城市空间形态。如环绕着行星的卫星一般，中心城区周围分布着多个小型城镇。该模式与星形相似，但卫星城并不沿放射路发展，且保持较小的规模，当其超过最佳规模时需重新建立新的卫星城。每个卫星城有着自己的中心、服务设施及生产活动，并通过绿带与中心城区隔离，居民只需要在本地出行即可完成经济活动。

（3）线形城市空间形态。该模式建立在一条或多条平行交通干线的基础上，城市的生活、生产、商业及服务主要分布在交通线路的两侧。线形城市如果星形城市中放射的主干线一般，综合运输系统可以高效地发挥其功能作用，使沿线的居民最大限度的享受交通的便捷性。该模式城市没有中心，所有居民享受平等的工作及服务机会。

（4）棋盘形城市空间形态。城市街区如果棋盘网格一样，被街道分割为相同的部分。标准化的城市街区形状为城市的规划建设提供了便利，使土地的测量、分配、出售过程变得简单。城市中既可以出现中心，又可以保持城市整体布局，保证大多处地区的社会平等性。城市内部可以建设主次分明的道路网络，并根据需要进行弯曲变换，同时不破坏城市整体的规则性。

（5）巴洛克轴线系统式城市空间形态。该模式包括一系列的交通枢纽，主要的城市社区之间都有交通干线的连接，使整个城市网络呈不规则三角形。城市内部的建筑、道路及活动场所在不干扰交通枢纽和交通干线的基础上，可以相对独立地发展。此种模式适合在复杂地形条件下或在原本不规则的地区建立井井有条的城市，且利于在交通枢纽地区和主要街道设施上的资金投入。

（6）花边式城市空间形态。该模式是一种低密度的城市空间形态，街道呈开阔分布模式，直接被田野或绿地分割。城市主要的活动场所像花边一样分布在街道两侧，与线形城市较为类似。由于城市要素的低密度松散分布，道路交通能够保持畅通，具备了灵活性与便捷性，且居民能够轻松接近周边自然环境，但花边地区居民往返城市中心的距离较长。

另外还包括内敛型、巢形等城市空间形态类别，但实际应用中较少。我国学者依据实际情况对我国城市进行了分类，其类别基本与林奇的城市空间形态模式一致，如胡俊划分了集中型、分散型、放射状、一城多镇、卫星城、连片带状等模式[1]。

### 2.2.2 紧凑城市

紧凑城市（compact city）的概念源于西方城市规划学界，最早由 Dantzing 和 Satty 于 1973 年提出[2]，直到 20 世纪 90 年代逐渐被西方学界重视。欧共体委员会于 1990 年将紧凑城市作为一种解决居住与环境问题的途径，将其概念定义为"脱胎于传统的欧洲城市，强调多用途、高密度、多样性"的城市[3]。其发展目标即是实现城市规模结构的集中化、城市布局的集群化、城市空间土地利用集约化，避免城市蔓延造成的诸多城市问题。其涉及到土地集约利用、生态环境、交通布局、社会服务、社区文化等诸多方面，基本特征包括密集而紧密的开发模式、

① 胡俊 . 中国城市：模式与演进 [M]. 中国建筑工业出版社，1995.
② Dantzig G B, Saaty T L. Compact city: a plan for liveable urban environment[M]. WH Freeman, 1973.
③ 迈克·詹克斯 . 紧缩城市：一种可持续发展的城市形态 [M]. 中国建筑工业出版社，2004.

由公共交通系统连接的城市区域、本地就业与服务机会的可达性[①]。通过对城市功能区、交通设施及建筑物的紧凑规划布局，进而实现经济繁荣、资源节约、环境友好及社会公平等各方面综合的可持续发展目标。紧凑城市政策是通过影响城市空间的利用方式来实现紧凑城市目标的综合思路，其主要的规划思想有：提倡土地的混合利用，合理提高城市密度，优先发展公共交通、步行等低碳交通方式，提倡 TOD 的土地开发模式；加强城市中心的活力，限制城市对周边农村地区的侵占，保护农地与生态用地等。

紧凑城市的内涵主要包括以下几点[②]：

高密度是紧凑城市的内涵和表现之一，城市密度包括人口密度、就业密度、建筑密度、经济密度及土地利用开发强度等。高密度意味着城市用地高强度的开发，单位面积上人口及经济承载力的提高。紧凑城市的目标之一为节约用地，因此高密度必然是其内涵之一，亦是实现紧凑城市的途径之一。虽然有部分学者认为中国城市人口密度已经过大，会影响可持续发展，但亦有研究认为合理的人口密度标准并不存在，中国城市的主要问题在于无序和拥挤，并不是人口密度过高[③]。高密度能够减少出行距离和小汽车的使用频率，降低能源的消耗和尾气的排放，减少对环境的污染。

形态紧凑程度为紧凑城市的另一内涵，其是反映城市空间形态的重要指标，被广泛地应用于城市空间结构与形态的研究之中。通常认为圆形的城市紧凑度最大，其城市效率最高。组团式城市存在一定的弊病，城市整体被划分为独立的若干区域，增加了交通通行的距离，减少了沟通交流的机会，降低了城市的繁华度与活力，不利于第三产业的发展[④]。因此，城市发展在形态紧凑方面应该避免蛙跳式、不连续的开发，节约用地，避免城市蔓延。另外，集中式开发不仅能够降低基础设施建设和服务成本，提高使用效率，还能缩短城市通勤距离，降低能源消耗。

土地混合是紧凑城市的重要方面之一，其指的是土地综合利用开发方式，有机地将居住用地、商业用地、休闲用地等组合在一起，区别于传统的分区布局模式。其主要优势在于增加城市的活力，创造地区与社区的活力氛围，提高住房与就业选择的机会，降低对小汽车的依赖性，提高公共交通的使用量。土地功能的混合，使居民能够在较小的空间范围内进行居住、就业、商业、休闲等日常活动，使步行与自行车出行成为可能，减少了机动车出行量，缓解了城市交通拥堵，节省了能源消耗，减少了尾气排放对环境的污染。另外，土地混合还有助于提升社区人口密度，降低犯罪的发生率，并提升城市生活的质量与活力。

目前，围绕紧凑城市政策是否能对环境质量产生显著的正面影响还存在着一定的争议，紧凑城市的经济收益也尚不清晰，同时存在着成本、开发阻碍、社区反对等挑战。一些研究认为，低密度的蔓延发展通常会增加资源的消耗，提高基础设施的建设和管理成本，并会产生过高的碳排放量。如图 2-1 所示，如果城市人口密度继续下降（红箭头方向），交通碳排放及基础设施服务成本将会显著升高。同时，由低密度蔓延引发的耕地面积下降、生态用地破坏、交通拥堵、水资源污染等问题也同样严重，对可持续发展造成严重威胁。

① 刘志林，钱云．紧凑城市：OECD 国家实践经验的比较与评估 [M]．北京：中国建筑工业出版社，2013．
② 祁巍锋．紧凑城市的综合测度与调控研究 [M]．浙江大学出版社，2010．
③ 丁成日．中国城市的人口密度高吗？[J]．城市规划，2004，28（8）：43-48．
④ 陈秉钊．城市，紧凑而生态 [J]．城市规划学刊，2008（3）：284-289．

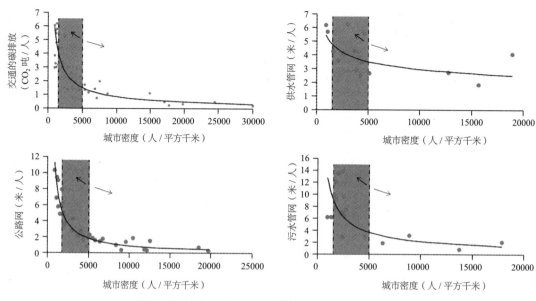

**图 2-1 城市密度与交通碳排放和基础设施成本关系**

（图片来源：世界银行，中国：推进高效，包容，可持续的城镇化 .2014）

本书根据现有研究对紧凑城市的优势与缺陷进行了归纳，如表 2-1 所示。紧凑城市的优势主要体现在提高了当地居民生活质量，降低交通通行距离和能源消耗，遏制了农村土地的过度开发。然而，过度紧凑的城市空间形态却会因为过于拥挤影响居民的生活质量，造成交通拥堵，提高生活成本。因此分散化的集中方式通常更为科学，即建设公共交通系统连接的城市中心群，以其为核心进行高密度、高强度的城市开发。

**紧凑城市的社会及环境优势及缺陷** 表 2-1

| 紧凑城市的社会及环境优势 | 城市过度紧凑带来的社会及环境问题 |
| --- | --- |
| · 保护农业用地与生态用地，防止城市用地的侵占 | · 城市高密度的开发导致对城市内部绿地和开放空间的侵占 |
| · 缩短交通出行距离，减少机动车尾气排放，抑制了温室效应与全球变暖 | · 紧凑社区的过度拥挤会导致部分居民搬离市中心，到郊区生活，导致城市中心衰退 |
| · 降低小汽车依赖性，减少燃油消耗，提高公共交通的使用率 | · 过度紧凑导致市中区交通拥堵，增加了通勤时间，提高了燃油消耗，增加了机动车污染排放 |
| · 提高了基础设施和公共服务的使用效率，人均医院、图书馆、学校等的数量上升 | · 城市卫生环境下降，变得拥挤、危险，不适宜居住 |
| · 促进了可达区域内居住、就业、商业、休闲等功能的混合 | · 过度紧凑的建筑通常享受阳光、通风、室外景观的条件较差 |
| · 减少了基础设施建设的物质成本和能源消耗，如缩小了道路、管道等设施的长度与服务范围 | · 过度拥挤的居住、负面的邻域影响，如噪声 |
| · 提高居民步行出行率，营造社区生活，更好的监控设施，以提高公共安全 | · 过度拥挤导致的疾病、贫穷与犯罪 |

| 紧凑城市的社会及环境优势 | 城市过度紧凑带来的社会及环境问题 |
|---|---|
| · 减少了建筑物外墙及屋顶在外界环境暴露的面积，降低空调能源的消耗 | · 紧凑城市通常为高程建筑，不利于社区生活与居民的交流活动，此负面效应对老人与儿童的影响最大 |
| · 与独栋或低层建筑相比，高层建筑通过共享地基、天花板及外墙，减少了建筑材料的使用 | · 在建设紧凑的高层建筑时，可能会使用更高标准、更耗能源的材料作支撑 |
| · 限制了城市在郊区的扩张，保护了生物多样性 | · 高密度建筑会影响照明、通风、制冷等生活服务的能源需求 |

（表格来源：Chen H, Jia B, Lau S. Sustainable urban form for Chinese compact cities: Challenges of a rapid urbanized economy[J]. Habitat international，2008, 32（1）：28-40.）

## 2.3 规划支持系统

### 2.3.1 规划支持系统概述

规划支持系统（Planning Support System，PSS）是由 Britton Harris 于 20 世纪 80 年代后期首先提出并倡导的 [1]，在 20 世纪 90 年代中后期开始被广大研究者所接受，其指的是城市及区域规划中常用的一系列计算机工具的总称。早在 1960 年代，规划师便开始尝试使用计算机进行数据处理、运算及模拟，这些实践也直接导致了市政信息系统及土地利用与交通规划模型的产生；1990 年代后，各式各样的工具已开始出现在城市与区域规划过程中的所有阶段。

（1）规划支持系统的定义

综合现有研究，规划支持系统的定义主要有以下几种：

作为土地利用与交通模型的专家，Harris 认为正如管理工作需要常规支持一样，规划工作也需要战略支持，因此他首先提出了规划支持系统，并倡导其应用与发展。他认为规划支持系统是一个以计算机技术为基础，组合 GIS、模型、可视化等技术的综合系统，通过收集、组织、分析和交流信息以支持空间规划。Klosterman（2001）将规划支持系统定义为有助于规划的信息技术所组成的构架，其包括规划领域内专业任务所需的计算机技术，而不包括城市规划与其他行业中应用无区别的技术，如文字处理 [2]。Geertman（2003）认为规划支持系统是在不同空间尺度及规划条件下，在规划过程中提供支持的地理信息技术的综合 [3]。龙瀛（2010）认为规划支持系统是基于计算机的模型和方法的综合，主要用于支持规划工作 [4]。其并不是计算机技术在规划领域中的简单应用，而是将地理系统分析理论和规划模型融入到信息技术中，保证规划理论和知识有效的应用，提高规划编制效率，并进行可视化表达。

综上所述，目前国内外对规划支持系统的定义还并未达成一致，但其共同的特点是：规划

---

① Harris B. Beyond Geographic Information Systems[J]. Journal of the American Planning Association, 1989, 55: 85-90.
② Klosterman R E. Planning Support Systems: A New Perspective on Computer-Aided Planning[J]. Journal of Planning Education & Research, 2001, 17（1）: 45-54.
③ Geertman S, Stillwell J. Planning Support Systems: An Introduction[M]. Springer Berlin Heidelberg, 2003.
④ 龙瀛，毛其智. 城市规划支持系统的定义、目标和框架 [J]. 清华大学学报：自然科学版，2010（3）: 335-337.

支持系统并不是一种或一类特定的计算机技术，而是与规划应用直接相关的多种技术的综合，是一套技术解决方案；规划支持系统并不在规划过程中制定规划方案，而是用于支持规划决策。

（2）规划支持系统的特征

自诞生以来，各式各样的规划支持系统已经应用于规划行业的各个领域，涵盖土地利用规划、环境管理及规划、基础设施规划、战略规划、规划编制中的公众参与、规划成果的可视化分析等。这些规划支持系统在结构与功能上都没有形成统一的模式，但其都有着以下共同的特性①：第一，规划支持系统是支持规划决策的工具，其本身并不做出规划决策，也不推荐或生成规划方案，而是在规划的各个过程中提供支持作用。该支持的过程并不是"黑箱"操作，而是透明可见的。第二，各种规划支持系统均支持多方参与的规划模式，为政府决策者、规划师及普通民众等规划参与各方提供一个互动与交流的平台，这也城市规划中多方参与规划的思想有着密切的联系。基于上述两个特征，可以认为规划支持系统是一种城市与区域规划中应用计算机技术获取支持的新途径，一种运用计算机辅助规划决策的新方法。在城市与区域规划中，符合上述两个特征的计算机系统都可以被归纳为规划支持系统。

### 2.3.2　土地利用与交通整合模型

土地利用与交通整合模型依托于计算机技术，模拟并预测城市或区域尺度上土地利用及交通出行的变化，是规划支持系统传统及主要的应用领域之一。土地利用与交通整合模型兼顾了土地利用模式与交通需求，能够模拟土地利用与交通之间的相互作用关系，为城市空间结构调整、交通布局优化提供科学而直观的支持，从而缓解城市交通拥堵，优化城市用地结构与布局，改善生态环境，实现城市与区域的可持续发展。本书对国际上广泛应用的 6 种土地利用与交通整合模型进行分析与评价，为后续研究中规划支持系统的选取提供理论依据与参考。这 6 种模型分别为 ITLUP（或被称为 DRAM/EMPAL）、MEPLAN、TRANUS、MUSSA、NYMTC-LUM 及 UrbanSim。另外一些微观模拟模型、优化模型及在部分国家和地区应用的模型并不在本书考虑范围之内：微观模拟模型虽然有着客观的应用前景，但目前的实际应用案例还较为缺少②；优化模型在生成最优规划方案时具有一定优势，但无法评估土地利用或交通相关政策或项目对城市发展的影响③；另外一些模型综合应用能力较差，往往只考虑了规划中某一部分内容，或是还停留于理论研究阶段，尚未在实际案例中得到应用。

ITLUP 模型全称为 Integrated Transportation and Land Use Package，是在美国应用最为广泛的土地利用与交通整合模型，由多个子模型组成，最主要的两个为 DRAM 非集计居住分配模型和 EMPAL 就业分配模型。ITLUP 模型包含了多项 logit 交通模式划分模型及出行网络分配模型。DRAM 和 EMPAL 模型常常单独使用，并可以与 EMME/2、TRANPLAN 及 UTPS 等交通出行量预测软件进行耦合。与其他模型相比，ITLUP 模型所需要的基础数据种类较少，主要依赖于人口、就业与家庭居住数据，但其未对土地市场的出清机制进行考虑。

---

① 钮心毅. 城市总体规划中的土地使用规划支持系统研究 [D]. 同济大学建筑与城市规划学院同济大学，2008.

② Yang Q, Xia L, Xun S. Cellular automata for simulating land use changes based on support vector machines[J]. Computers & Geosciences, 2008, 34（6）: 592-602.

③ Cao K, Huang B, Wang S, et al. Sustainable land use optimization using Boundary-based Fast Genetic Algorithm[J]. Computers Environment & Urban Systems, 2012, 36（3）: 257-269.

MUSSA 是由智利的 Francisco Martínez 教授设计并开发的城市土地与房产市场模型，其已被应用于多地土地利用与交通政策的评价之中，尤其是以公共交通为主体的政策[①]。该模型的主要特征有以下几点：模型以微观经济学为基本原理，是一个土地或房产市场的需求与供给平衡模型；模型通过对土地或房产的供给量、供给反应、消费者预期水平、需求反应等参数进行调整，以达到预测年供给与需求的静态平衡；可以与其他模型结合进行扩展，以评价小区尺度上环境影响。

NYMTC-LUM 是纽约大都市区公共交通委员会委托 Alex Anas 开发的系统框架，其主要特性为：主要基于微观经济学理论；同时对居住用地、商业用地、劳动力及出行间的交互行为进行建模，显示化地对各系统的供给与需求进行表征；通过计算引发市场供给与需求的价格与工资平衡点，使模型在预测年份达到静态平衡；以交通分析小区作为基本计算单元，能够在空间非集聚模型中达到较高的精度。在现有应用中，通常土地利用系统并不和交通系统共同使用，能够和相关交通需求模型结合进行求解。

MEPLAN 是英国 Marcial Echenique 开发的软件，其主要基于空间投入产出原理，其中的土地系统和交通系统为两个平行且相互影响着的系统，每一个系统中的行为都会被作为价格或信号传递给其他系统[②]。土地系统描述的空间经济系统通过互动机制为交通系统生成交通需求，通过交通模式的划分之后，利用多路径概率将交通量分配到网络之中。MEPLAN 的运行过程即为上述过程的不断迭代，形成一系列的价格和成本的链。

TRANUS 模型由 Modelistica 公司开发，其在全球多个国家和地区得到了广泛的应用，基本原理为空间投入产出模型，与 MEPLAN 模型相仿。其既可以作为土地利用与交通整合模型，又可以作为单独的交通模型，用于评估短期的交通项目。TRANUS 能够模拟城市及区域中人和物的活动，并对道路网络中不同类型的交通工具的道路空间竞争进行模拟。

UrbanSim 是美国华盛顿大学 PaulWaddel 教授领导开发的城市仿真模型，以居民、商业、开发者、政府等城市发展过程中的利益相关者为研究对象，以年为时间尺度，进行短期到长期的准动态化仿真，其主要特性有[③]：采用了动态不均衡模型，与 ITLUP、MEPLAN 和 TRANUS 模型的平衡模型存在明显差异；采用特别的离散方法，对微观个体进行时间、空间和过程上的仿真；可用于 arcgis 的跨平台操作，并作为开放性资源供用户修改及完善。

上述 6 种土地利用与交通整合模型具体的适用领域如表 2-2 所示。

土地利用与交通整合模型适用领域 表 2-2

| 主类 | 次要类别 | 具体政策或项目 | ITLUP | MEPLAN/TRANUS | MUSSA | NYMTC-LUM | UrbanSim |
|---|---|---|---|---|---|---|---|
| 土地 | 价格 | 税收：房产税 | N | Y | Y | Y | Y |
| | | 补助：商业重开发区域 | N | Y | Y | Y | Y |
| | | 开发费用 | E | Y | Y | Y | Y |

① Martínez F, Donoso P. MUSSA: a land use equilibrium model with location externalities, planning regulations and pricing policies[C]: 7th International Conference on Computers in Urban Planning and Urban Management, Hawaii, 2001.
② 赵童. 国外城市土地使用——交通系统一体化模型 [J]. 经济地理, 2000（6）: 79-83.
③ 段瑞兰, 郑新奇. 城市仿真模型（UrbanSim）及其应用 [J]. 现代城市研究, 2004, 19（1）: 65-68.

| 主类 | 次要类别 | 具体政策或项目 | ITLUP | MEPLAN/TRANUS | MUSSA | NYMTC-LUM | UrbanSim |
|---|---|---|---|---|---|---|---|
| 土地 | 基础设施及服务 | 公共住房 | N | Y | Y | Y | Y |
| | | 服务用地（供给水、线缆） | E | Y | Y | Y | Y |
| | | 政府或其他非营利机构建筑 | N | Y | Y | Y | Y |
| | 法规 | 分区（密度、用途） | E | Y | Y | Y | Y |
| | | 建筑及社区设计 | N | N | Y | N | Y |
| 交通 | 价格 | 通行费/拥堵费 | I | Y | I | I | I |
| | | 燃油税 | I | Y | I | I | I |
| | | 补助 | N | N | N | N | N |
| | | 公交票价 | E | Y | I | I | I |
| | | 停车费用 | E | Y | I | I | I |
| | 基础设施及服务 | 道路建设、公交建设 | Y | Y | Y | Y | Y |
| | | 轨道交通建设 | E | Y | Y | Y | Y |
| | | 公交服务 | E | Y | Y | Y | Y |
| | | 基础设施技术、系统优化、公交管理 | N | N | N | N | N |
| | | 停车场 | N | N | N | N | N |
| | 法规 | 停车 | N | N | N | N | N |
| | | 道路法规（限速、停车、专项车道） | E | Y | Y | Y | Y |
| | | 车辆、司机权限 | I | N | N | N | N |
| | | 检测保养制度 | N | N | N | N | N |
| 其他 | 价格 | 车辆购置税 | N | N | N | N | N |
| | | 执照税 | N | N | N | N | N |
| | | 收入重分配 | E | Y | Y | Y | Y |
| | 法规 | 空气质量标准 | N | N | N | N | N |
| | | 排放标准 | I | Y | Y | I | I |
| | | 噪音 | I | I | I | I | I |
| | | 安全性 | I | I | I | I | I |
| | | 车辆技术标准 | N | N | N | N | N |

注：Y 表示可行；N 表示不可行；I 表示需要与其他模块进行结合；E 表示可行，但需外生变量的调整

[表格来源：Hunt J D，Kriger D S，Miller E J. Current operational urban‐land‐use‐transport modelling frameworks：A review[J]. Transport Reviews，2005，25（3）：329–376.]

## 2.4　概念模型构建

### 2.4.1　机动车尾气影响

大量研究表明,机动车尾气污染已经成为了影响我国城市空气质量的主要因素之一。同时,由于机动车主要行驶在城市人口密集地区,尾气排放直接威胁市民身体健康。如果能有效地减少机动车尾气排放量,就能够在一定程度上城市空气污染物来源,有效提升城市空气质量。因此,各地区和有关部门纷纷制定有利于机动车污染防治和减排的工作方案和配套政策,主要包括调控城市机动车出行量和保有量、加快提升燃油品质、不断规范新车准入管理、深化在用车环保管理、加速淘汰黄标车及老旧车等。然而,机动车保有量的持续攀升带来的空气环境压力依然巨大。2010 ~ 2013 年全国机动车保有量呈快速增长趋势,由 1.9 亿辆增加到 2.3 亿辆,年均增长 6.8%[①]。据测算,未来五年还将新增机动车 1 亿辆以上。以北京市为例,机动车保有量在 1949 ~ 1997 年的 48 年里才达到 1 百万辆,而仅仅在 2007 ~ 2009 年便从 3 百万辆上升到 4 百万辆。如图 2-2 所示,在 1989 ~ 2009 年间机动车保有量年均增长率高达 13%。虽然各地区及有关部门制定了提升燃油品质、用车环保管理等工作方案及相关政策,但是机动车保有量的持续爬升仍然给空气质量带来了巨大的压力。

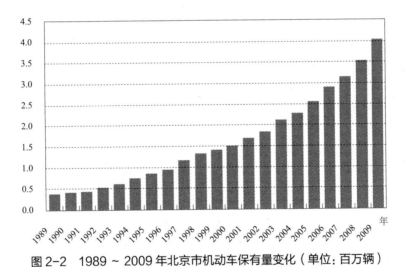

图 2-2　1989 ~ 2009 年北京市机动车保有量变化（单位：百万辆）

[图片来源：Wu Y，Wang R，Zhou Y，et al. On-road vehicle emission control in Beijing：past，present，and future[J]. Environmental Science & Technology，2010，45（1）：147-153.]

控制机动车污染是缓解城市空气污染问题的必要手段,本书也主要从城市空间形态对交通出行的影响作用,来解析城市空间形态对空气质量的影响机制。城市发展与交通条件紧密相关,城市空间形态会对城市居民的交通出行及交通网络的运行状况产生影响,反过来,城市的交通条件及居民的交通行为又会作用于城市空间形态。本研究主要考虑城市空间形态对机动车尾气污染排放的影响,因此将重点放在其对城市居民的交通出行的影响,忽略反向作用。居民交通出行包括出行频率、出行方式、出行距离三个要素,其共同作用产生的结果为机动

---

① 中华人民共和国环境保护部 . 中国机动车污染防治年报 [R].2014.

车出行距离，由此与尾气污染物排放量形成联系。另外，对机动车尾气排放的测试实验表明，其再慢速和怠速情况下，尾气排放量最多。因此，城市交通拥堵也会增加机动车尾气排放量，其与居民交通出行行为也密切相关。

不同城市空间形态要素对机动车尾气排放的影响机制如图 2-3 所示。

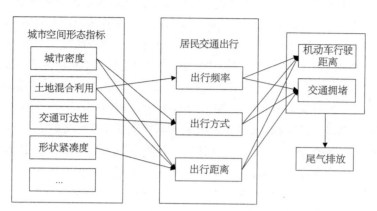

图 2-3　城市空间形态对交通尾气排放影响机制
（图片来源：作者自绘）

高密度的地区有利于公共交通的发展，能够促进居民对公共交通工具的使用。另外高密度地区是居民的居住地点、工作地点、购物或休闲地点相对接近，不但能缩短出行距离，还能提高步行及自行车出行的概率。高密度地区的人口分布也相对集中，人均道路面积小，这都会降低小汽车的拥有量和使用频率。一些发达国家的研究也发现，城市人口密度与空气中 $O_3$ 和 $PM_{2.5}$ 的浓度呈负相关关系[1][2]。

土地混合利用程度的提高会使不同功能和性质的用地结合在一起，如居住用地与商业用地、居住用地与服务业用地、商业用地与服务业用地等。各类城市功能在空间上混合接近后，能够缩短居民的出行距离，使居民前往工作、商业、服务地点的距离更短。当土地混合利用程度增高时，居民的出行频率可能会有所增加，但其采用步行、自行车等方式出行的概率会有所提高。交通可达性能对出行方式产生直接的影响，例如公交覆盖率的提高能增加居民选择公共交通工具出行的意愿，减小小汽车的依赖性和使用频率。

城市紧凑度对居民出行方式和距离的影响也较为显著，同时很多研究也表明其与空气质量有着显著的关联。在城市用地分散的地区，人口密度低，土地功能混合度也不强，使城市呈现向外蔓延扩张态势。这样既不利于公共交通系统的组织，也会增大小汽车的依赖性，使机动车尾气污染增多。很多研究也表明，蔓延程度较高的城市通常空气质量较差[3]。一些研究利用土地利用景观格局指数对城市紧凑度的测度，分析其与空气质量的关系，结果表明低连接度、

① Stone B. Urban sprawl and air quality in large US cities[J]. Journal of environmental management, 2008, 86（4）：688-698.
② Clark L P, Millet D B, Marshall J D. Air quality and urban form in US urban areas: evidence from regulatory monitors[J]. Environmental science & technology, 2011, 45（16）：7028-7035.
③ Bereitschaft B, Debbage K. Urban form, air pollution, and CO2 emissions in large US metropolitan areas[J]. The Professional Geographer, 2013, 65（4）：612-635.

高破碎度的地区，空气污染物浓度一般较高[1][2]。

### 2.4.2 综合影响

综述国外研究现状可以发现，城市空间形态不但会通过城市工业生产、生活取暖对空气污染源及形成过程产生直接的影响，也会通过各种中介因素与其产生关联，间接地影响城市空气质量[3]（图2-4）。即城市空间形态会影响某些中介因素，中介因素再对空气质量产生影响。

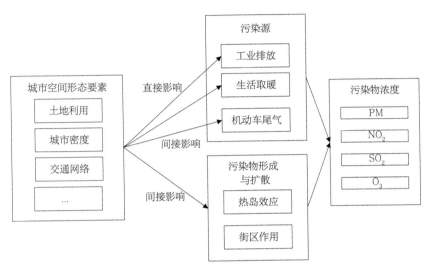

**图2-4 城市空间形态对空气质量影响的分析框架**

（图片来源：作者自绘）

发达国家城市已进入后工业化阶段，工业排放对空气污染的影响较小。相比之下，中国城市目前的空气污染源依然具有多样化特性，包括工业源的排放、生活燃煤的燃烧，还有快速增长的城市机动车尾气排放。城市空间形态对空气污染源的直接影响即体现在工业用地要素上，其直接作用于工业生产污染排放与居民取暖排放，国家和地方政府制定的相关节能减排措施主要用于控制该方面影响。最主要的间接影响来自机动车污染源，即城市空间形态会对城市居民交通出行产生影响，其与机动车污染尾气排放紧密相关，由此对空气质量产生影响[4]。另外，城市空间形态也会通过城市热岛效应，对空气污染物的形成与扩

① Bechle M J, Millet D B, Marshall J D. Effects of income and urban form on urban NO₂: Global evidence from satellites[J]. Environmental science & technology, 2011, 45（11）: 4914-4919.

② Schweitzer L, Zhou J. Neighborhood air quality, respiratory health, and vulnerable populations in compact and sprawled regions[J]. Journal of the American Planning Association, 2010, 76（3）: 363-371.

③ Tang U W, Wang Z. Determining gaseous emission factors and driver's particle exposures during traffic congestion by vehicle-following measurement techniques[J]. Journal of the Air & Waste Management Association, 2006, 56（11）: 1532-1539.

④ Song J, Webb A, Parmenter B, et al. The impacts of urbanization on emissions and air quality: Comparison of four visions of Austin, Texas[J]. Environmental science & technology, 2008, 42（19）: 7294-7300.

散产生影响。例如，城市 $O_3$ 的形成与城市热岛效应有着显著的关系，而城市热岛的形成与城市人口分布、建筑物布局、城市下垫面等城市空间形态要素相关联[1][2]。城市街道网络的布局与设计也会影响空气污染物的扩散机制及热效应，增加周边行人和建筑内居民的暴露风险[3]。

① Stone Jr B. Urban heat and air pollution: an emerging role for planners in the climate change debate[J]. Journal of the American planning association, 2005, 71 ( 1 ): 13-25.
② Taha H. Meso-urban meteorological and photochemical modeling of heat island mitigation[J]. Atmospheric Environment, 2008, 42 ( 38 ): 8795-8809.
③ Zhou Y, Levy J I. The impact of urban street canyons on population exposure to traffic-related primary pollutants[J]. Atmospheric environment, 2008, 42 ( 13 ): 3087-3098.

# 第3章 城市空间形态对空气质量的影响
## ——基于城市截面数据的线性回归研究

本章基于全国城市截面数据，将城市整体作为单个样本对城市空间形态进行测度，探讨城市空间形态对空气质量的影响，主要回答以下几点问题：对我国城市而言，空气质量是否与城市空间形态紧密相关？各个形态指数对不同空气污染物浓度的影响程度如何？城市蔓延是否会导致空气质量的恶化？本章研究借鉴国外研究经验，以我国157个城市为样本计算城市空间形态指标与空气污染浓度指数，采用线性回归模型分析两者之间的关联。

## 3.1 研究区域与数据

### 3.1.1 研究区域

本章选取具有国家环境空气质量监测点的地级以上城市作为研究样本，共计有157个城市。其中，有4个直辖市、25个省会城市及128个地级市。按照国务院于2014年11月21日发布的《关于调整城市规模划分标准的通知》，城市规模以城区常住人口为统计口径，为五类七档。依据2010年第6次全国人口普查的结果，本章将样本城市划分为如下类型：5个超大城市（人口大于1000万）、9个特大城市（人口大于500万，小于1000万）、20个一型大城市（人口大于300万，小于500万）、68个二型大城市（人口大于100万，小于300万）、38个中型城市（人口大于50万，小于100万）、17个小城市（人口小于50万）。如表3-1所示，样本城市主要分布在我国的东部及中部地区，西部地区较少，京津冀、长三角、珠三角三大城市群地区的数量最多。

样本城市列表
表3-1

| 省份 | 城市 | 分类 | 省份 | 城市 | 分类 |
|---|---|---|---|---|---|
| 安徽 | 马鞍山市 | 中等城市 | 江苏 | 镇江市 | 二型大城市 |
| | 芜湖市 | 二型大城市 | | 苏州市 | 特大城市 |
| | 合肥市 | 一型大城市 | | 泰州市 | 二型大城市 |
| 北京 | 北京市 | 超大城市 | | 连云港市 | 二型大城市 |
| 福建 | 福州市 | 二型大城市 | | 盐城市 | 二型大城市 |
| | 泉州市 | 二型大城市 | 江西 | 九江市 | 中等城市 |
| | 厦门市 | 一型大城市 | | 南昌市 | 二型大城市 |

| 省份 | 城市 | 分类 | 省份 | 城市 | 分类 |
|------|------|------|------|------|------|
| 甘肃 | 兰州市 | 二型大城市 | 辽宁 | 抚顺市 | 二型大城市 |
|  | 金昌市 | 小城市 |  | 本溪市 | 二型大城市 |
|  | 嘉峪关市 | 小城市 |  | 鞍山市 | 二型大城市 |
| 广东 | 珠海市 | 二型大城市 |  | 盘锦市 | 中等城市 |
|  | 河源市 | 小城市 |  | 铁岭市 | 小城市 |
|  | 清远市 | 中等城市 |  | 丹东市 | 中等城市 |
|  | 潮州市 | 小城市 |  | 沈阳市 | 特大城市 |
|  | 汕头市 | 二型大城市 |  | 葫芦岛市 | 中等城市 |
|  | 揭阳市 | 中等城市 |  | 锦州市 | 二型大城市 |
|  | 东莞市 | 特大城市 |  | 大连市 | 一型大城市 |
|  | 佛山市 | 一型大城市 | 内蒙古 | 包头市 | 二型大城市 |
|  | 广州市 | 超大城市 |  | 赤峰市 | 二型大城市 |
|  | 江门市 | 二型大城市 |  | 呼和浩特市 | 二型大城市 |
|  | 深圳市 | 超大城市 |  | 鄂尔多斯市 | 小城市 |
|  | 中山市 | 二型大城市 | 宁夏 | 石嘴山市 | 小城市 |
|  | 汕尾市 | 中等城市 |  | 银川市 | 二型大城市 |
|  | 惠州市 | 二型大城市 | 青海 | 西宁市 | 二型大城市 |
|  | 韶关市 | 中等城市 | 山东 | 枣庄市 | 二型大城市 |
|  | 梅州市 | 小城市 |  | 烟台市 | 二型大城市 |
|  | 云浮市 | 小城市 |  | 东营市 | 中等城市 |
|  | 阳江市 | 中等城市 |  | 威海市 | 中等城市 |
|  | 茂名市 | 二型大城市 |  | 济南市 | 一型大城市 |
|  | 湛江市 | 二型大城市 |  | 潍坊市 | 二型大城市 |
| 广西 | 桂林市 | 中等城市 |  | 聊城市 | 二型大城市 |
|  | 北海市 | 中等城市 |  | 德州市 | 中等城市 |
|  | 南宁市 | 一型大城市 |  | 青岛市 | 一型大城市 |
|  | 柳州市 | 二型大城市 |  | 淄博市 | 二型大城市 |
| 贵州 | 遵义市 | 二型大城市 |  | 莱芜市 | 二型大城市 |
|  | 贵阳市 | 一型大城市 |  | 泰安市 | 二型大城市 |
| 海南 | 海口市 | 二型大城市 |  | 日照市 | 二型大城市 |
|  | 三亚市 | 中等城市 |  | 济宁市 | 二型大城市 |
| 河北 | 石家庄市 | 二型大城市 |  | 菏泽市 | 二型大城市 |
|  | 邢台市 | 中等城市 |  | 临沂市 | 二型大城市 |
|  | 邯郸市 | 二型大城市 |  | 滨州市 | 中等城市 |
|  | 唐山市 | 一型大城市 | 山西 | 大同市 | 二型大城市 |

| 省份 | 城市 | 分类 | 省份 | 城市 | 分类 |
|---|---|---|---|---|---|
| 河北 | 沧州市 | 中等城市 | 山西 | 太原市 | 一型大城市 |
| | 保定市 | 二型大城市 | | 延安市 | 小城市 |
| | 衡水市 | 小城市 | | 阳泉市 | 中等城市 |
| | 承德市 | 中等城市 | | 长治市 | 中等城市 |
| | 张家口市 | 中等城市 | | 临汾市 | 中等城市 |
| | 秦皇岛市 | 二型大城市 | 陕西 | 咸阳市 | 中等城市 |
| | 廊坊市 | 中等城市 | | 宝鸡市 | 二型大城市 |
| 河南 | 郑州市 | 一型大城市 | | 铜川市 | 中等城市 |
| | 三门峡市 | 小城市 | | 渭南市 | 中等城市 |
| | 开封市 | 中等城市 | | 西安市 | 特大城市 |
| | 洛阳市 | 二型大城市 | 上海 | 上海市 | 超大城市 |
| | 平顶山市 | 二型大城市 | 四川 | 攀枝花市 | 中等城市 |
| | 安阳市 | 二型大城市 | | 绵阳市 | 二型大城市 |
| | 焦作市 | 中等城市 | | 德阳市 | 中等城市 |
| 黑龙江 | 齐齐哈尔市 | 二型大城市 | | 成都市 | 特大城市 |
| | 大庆市 | 二型大城市 | | 南充市 | 二型大城市 |
| | 哈尔滨市 | 一型大城市 | | 泸州市 | 二型大城市 |
| | 牡丹江市 | 中等城市 | | 宜宾市 | 中等城市 |
| 湖北 | 武汉市 | 特大城市 | | 自贡市 | 二型大城市 |
| | 宜昌市 | 二型大城市 | 天津 | 天津市 | 超大城市 |
| | 荆州市 | 二型大城市 | 西藏 | 拉萨市 | 小城市 |
| 湖南 | 长沙市 | 一型大城市 | 新疆 | 乌鲁木齐市 | 二型大城市 |
| | 湘潭市 | 中等城市 | | 克拉玛依市 | 小城市 |
| | 株洲市 | 二型大城市 | 云南 | 曲靖市 | 中等城市 |
| | 岳阳市 | 二型大城市 | | 昆明市 | 一型大城市 |
| | 张家界市 | 小城市 | | 玉溪市 | 小城市 |
| | 常德市 | 二型大城市 | 浙江 | 杭州市 | 特大城市 |
| 吉林 | 长春市 | 一型大城市 | | 宁波市 | 一型大城市 |
| | 吉林市 | 二型大城市 | | 绍兴市 | 中等城市 |
| 江苏 | 南通市 | 二型大城市 | | 湖州市 | 二型大城市 |
| | 徐州市 | 一型大城市 | | 温州市 | 一型大城市 |
| | 宿迁市 | 二型大城市 | | 嘉兴市 | 二型大城市 |
| | 淮安市 | 二型大城市 | | 金华市 | 二型大城市 |
| | 常州市 | 一型大城市 | | 衢州市 | 中等城市 |
| | 南京市 | 特大城市 | | 丽水市 | 小城市 |

| 省份 | 城市 | 分类 | 省份 | 城市 | 分类 |
|------|------|------|------|------|------|
| 江苏 | 无锡市 | 一型大城市 | 重庆 | 重庆市 | 特大城市 |
|      | 扬州市 | 二型大城市 |      |      |      |

（表格来源：作者自绘）

### 3.1.2 实验数据

本章实验数据包括空间数据与统计数据，包括以下几类（表3-2）：国家环境空气质量监测点数据、全国城市用地空间分布数据、夜间灯光数据、人口空间分布网格数据、城市兴趣点 POI 数据、中国气象数据共享服务网数据、《中国城市统计年鉴》、《中国城市建设统计年鉴》等。

数据来源　　　　　　　　　　　　　　　　　　　　　　表3-2

| 数据名称 | 数据类型 | 时间 | 数据源 |
|----------|----------|------|--------|
| 国家环境空气质量监测数据 | 文本 | 2014 | 环保部 |
| 夜间灯光数据 | 栅格 | 2012 | DMSP/OLS |
| 城市用地空间分布数据 | 栅格 | 2010 | 世界银行 |
| 人口空间分布数据 | 栅格 | 2013 | Landscan 数据库 |
| 城市兴趣点 POI 数据 | 矢量 | 2012 | 百度地图 |
| 城市统计数据 | 文本 | 2013 | 中国城市统计年鉴、中国城市建设统计年鉴 |
| 城市气象数据 | 文本 | 2014 | 中国气象数据共享服务网 |

（表格来源：作者自绘）

人口空间分布数据来自 LandScan 全球人口动态统计分析数据库，由美国能源部橡树岭国家实验室（ORNL）开发，运用 GIS 和遥感等技术方法，进行全球人口数据空间分布制图，是全球最为准确、可靠的人口动态统计分析数据库。LandScan 数据为 GIS 栅格格式，分辨率为30 弧秒，在赤道地区约为 1km，其栅格数值表示 24 小时平均人口数量。该数据已广泛应用于文化研究、金融保险、电信网络规划、可持续发展与环境保护、人道主义援助及赈灾支持等领域 [1][2]。

城市用地空间分布数据是城市空间形态测度的基础。本研究使用世界银行（World Bank）提供的 2000 至 2010 年东亚地区城市扩张空间数据，该数据集是威斯康星大学主持的东亚及

[1] Dobson J E, Bright E A, Coleman P R, et al. LandScan: a global population database for estimating populations at risk[J]. Photogrammetric engineering and remote sensing, 2000, 66（7）: 849-857.
[2] Bhaduri B, Bright E, Coleman P, et al. LandScan USA: a high-resolution geospatial and temporal modeling approach for population distribution and dynamics[J]. GeoJournal, 2007, 69（1-2）: 103-117.

东南亚城市扩张分析项目的研究成果[1]。该研究利用2000至2010年间的MODIS卫星影像（500m分辨率）及Google Earth卫星影像（1～4m分辨率）数据解译城市建设用地，最后得到2000年、2010年城市用地数据，分辨率为250m。经检验，中国城市用地数据精度为83%，满足本研究要求[2]。然而，此城市用地数据除了城市建设用地外，还含有部分周边农村的建设用地，如农村居民点、农村道路、农业设施建筑等，需要通过城市建成区边界进行去除，如图3-1所示。在计算各个城市的空间形态指数时，应该以建成区边界内的建设用地数据为基准，而不适用城市行政区划范围进行提取。

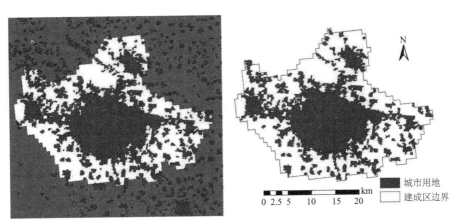

图3-1　利用建成区边界提取城市用地示意图

（图片来源：作者自绘）

遥感夜间灯光影像能够反映人类开发建设活动的强度，广泛应用于城市遥感的多个领域[3][4]。美国国防气象卫星搭载的业务型线扫描传感器（Defense Meteorological Satellite Program's Operational Linescan System，DMSP/OLS）获取的夜间灯光数据，能够满足区域尺度上城市空间研究的需求，可进行城市建成区边界的识别[5]。本研究基于DMSP/OLS夜间灯光数据提取城市建成区边界[6]，并以此为范围对城市用地数据、人口分布数据、POI数据等进行提取，作为城市空间形态指标测算的基础。例如，将城市建成区边界数据与城市用地空间分布数据进行空间叠置分析，提取的北京、武汉、青岛、石家庄四个城市2000和2010年城市用地数据如图3-2所示。

① Schneider A, Mertes C M, Tatem A J, et al. A new urban landscape in East-Southeast Asia, 2000-2010[J]. Environmental Research Letters, 2015, 10（3）: 34002.
② Mertes C M, Schneider A, Sulla-Menashe D, et al. Detecting change in urban areas at continental scales with MODIS data[J]. Remote Sensing of Environment, 2015, 158: 331-347.
③ 米晓楠, 白林燕, 谭雪航, 等. 基于DMSP/OLS数据的城市中心城区提取新方法[J]. 地球信息科学学报, 2013（2）: 255-261.
④ Sutton P C, Goetz A R, Fildes S, et al. Darkness on the edge of town: Mapping urban and peri-urban Australia using nighttime satellite imagery[J]. The Professional Geographer, 2010, 62（1）: 119-133.
⑤ 刘沁萍, 杨永春, 付冬暇, 等. 基于DMSP/OLS灯光数据的1992～2010年中国城市空间扩张研究[J]. 地理科学, 2014, 34（2）: 129-136.
⑥ Jiang B. Head/tail breaks for visualization of city structure and dynamics[J]. Cities, 2015, 43: 69-77.

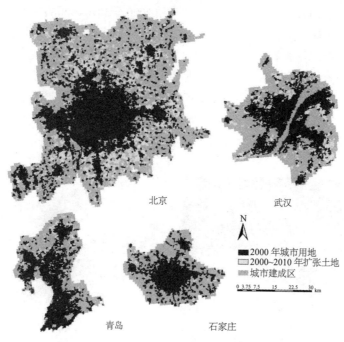

北京　　　　　　　　武汉

N

■ 2000 年城市用地
□ 2000~2010 年扩张土地
■ 城市建成区

0 3.75 7.5　15　22.5　30 km

青岛　　　　　　　　石家庄

图 3-2　2000 及 2010 年城市用地数据示例

（图片来源：作者自绘）

## 3.2　城市空气质量评价

### 3.2.1　评价指标

本章选取环境保护部数据中心 2014 年全国城市监测站点主要空气污染物每小时浓度数据，对城市空气质量进行评价，共 941 个监测站点。空气污染物包括二氧化氮 $NO_2$、二氧化硫 $SO_2$、细颗粒物 $PM_{2.5}$、可吸入颗粒物 $PM_{10}$、一氧化碳 CO 及臭氧 $O_3$。本章采用以下准则对空气质量监测站点进行筛选：（1）排除不在研究样本城市范围内的城市监测点；（2）监测点需位于上文提取的城市建成区边界之内，以排除非城郊地区监测点污染情况的影响；（3）根据环境保护部空气污染评价标准，监测点各污染物全年有效测量天数需达到 324 天以上，以排除仪器故障等对污染监测结果的影响。经过筛选后，共有全国 157 个城市的 789 个空气质量监测站点符合要求。平均每个城市拥有 5 个监测站点，88 个城市（56%）拥有 1 ~ 4 个监测点，50 个城市（32%）拥有 5 ~ 8 个监测点，19 个城市（12%）拥有 9 个以上监测点。

在计算各城市空气质量指标之前，需要对各个监测点 2014 年全年 $NO_2$、$SO_2$、$PM_{2.5}$、$PM_{10}$、CO 及 $O_3$ 浓度数据进行处理，得到各个监测点位上不同污染物年度指标值。按照环境保护部 2012 年发布的《环境空气质量标准》，监测点位上各污染物浓度评价方式如下：对于 $NO_2$、$SO_2$、$PM_{2.5}$、$PM_{10}$、CO 五种污染物，首先计算其 24 小时平均（一个自然日 24 小时平均浓度的算术平均值，也称日平均），再计算 $NO_2$、$SO_2$、$PM_{2.5}$、$PM_{10}$ 的年平均（一年内日平均的算术平均值），CO 年日均浓度值的 95 分位数；对于 $O_3$ 污染物，先计算各点位上 8 小时平均（连续 8 小时平均浓度的算术平均值，也称 8 小时算术平均），再计算 $O_3$ 日最大 8 小时平均（一个自然日 8 小时平均的最大值），最后计算全年日最大 8 小时平均的 90 分位数。

依据各监测点位的污染物浓度全年评价指标，计算全国 157 个城市的城市监测点污染物浓度平均值、城市监测点污染物浓度最大值、城市人口加权污染物浓度指标三套指标。采用空间叠置统计分析方法，利用城市建成区边界对其内部的监测点数据进行统计，求得城市监测点污染物浓度平均值及最大值。由于城市人口在空间上的分布常常与空气污染物浓度的分布不一致，为了反映城市居民暴露于空气污染物中的水平，本章使用人口加权污染物浓度的方法对各个城市进行评估，计算公式如下：

$$人口加权浓度 = \frac{\sum P_i \times C_i}{\sum P_i}$$

式中，$P_i$ 为网格内的人口数量，$C_i$ 为网格内空气污染物浓度。

利用反距离加权法（IDW）对城市建成区范围内的所有网格单元进行插值，得到污染物的分布数据（如图 3-3 所示），与人口空间分布数据进行叠加分析，得到每个城市的人口加权后的空气污染物浓度。

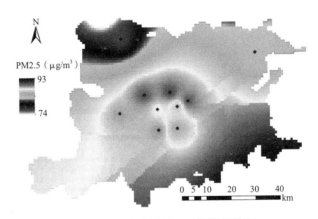

图 3-3　北京市 PM<sub>2.5</sub> 空间插值结果

（图片来源：作者自绘）

### 3.2.2　评价结果

157 个样本城市空气质量评价结果如表 3-3 所示。分析三套污染物浓度指标可以看出，城市浓度最大值自然大于浓度平均值，人口加权污染物浓度却通常小于平均浓度值，其原因可能为污染物浓度较低的地区涵盖了大量的人口，使其权重加大，导致加权浓度值低于平均值。

城市空气质量指标统计　　　　　　　　　　　　　　　　表 3-3

| 空气质量（μg/m³） | | 最小值 | 最大值 | 均值 | 标准差 |
|---|---|---|---|---|---|
| NO₂ | 平均值 | 12 | 66 | 37 | 11 |
| | 最大值 | 13 | 78 | 44 | 13 |
| | 人口加权 | 4 | 63 | 37 | 11 |

| 空气质量（μg/m³） | | 最小值 | 最大值 | 均值 | 标准差 |
|---|---|---|---|---|---|
| PM$_{2.5}$ | 平均值 | 18 | 130 | 62 | 22 |
| | 最大值 | 19 | 140 | 67 | 23 |
| | 人口加权 | 7 | 129 | 61 | 22 |
| PM$_{10}$ | 平均值 | 35 | 231 | 105 | 38 |
| | 最大值 | 36 | 241 | 116 | 40 |
| | 人口加权 | 12 | 232 | 103 | 38 |
| SO$_2$ | 平均值 | 2 | 119 | 35 | 20 |
| | 最大值 | 2 | 143 | 43 | 24 |
| | 人口加权 | 2 | 118 | 35 | 21 |
| CO | 平均值 | 1 | 6 | 2 | 1 |
| | 最大值 | 1 | 6 | 3 | 1 |
| | 人口加权 | 0 | 6 | 2 | 1 |
| O$_3$ | 平均值 | 90 | 244 | 165 | 30 |
| | 最大值 | 106 | 272 | 184 | 30 |
| | 人口加权 | 20 | 255 | 160 | 33 |

（表格来源：作者自绘）

如表 3-4 所示，对人口加权浓度指标进行相关性分析，可以发现不同污染物指标显著相关，特别时 PM$_{2.5}$ 与 PM$_{10}$ 浓度指标相关性最强，表示两种污染物的产生具有一定的关联性。

污染物浓度指标相关性分析 表 3-4

| 污染物 | | NO$_2$ | PM$_{25}$ | PM$_{10}$ | SO$_2$ | CO |
|---|---|---|---|---|---|---|
| NO$_2$ | r | | | | | |
| | Sig. | | | | | |
| PM$_{25}$ | r | .604** | | | | |
| | Sig. | 0.000 | | | | |
| PM$_{10}$ | r | .619** | .886** | | | |
| | Sig. | 0.000 | 0.000 | | | |
| SO$_2$ | r | .495** | .606** | .726** | | |
| | Sig. | 0.000 | 0.000 | 0.000 | | |
| CO | r | .335** | .454** | .561** | .502** | |
| | Sig. | 0.000 | 0.000 | 0.000 | 0.000 | |
| O$_3$ | r | .484** | .382** | .335** | .328** | 0.12 |
| | Sig. | 0.000 | 0.000 | 0.000 | 0.000 | 0.135 |

（表格来源：作者自绘）

## 3.3 影响模型建构

根据前文中有关城市空间形态对空气质量的影响机制分析，城市空气污染物的形成与扩散与城市活动紧密相关，一些城市空间形态要素可能会对空气质量产生直接或间接的影响。中国各个城市的社会、经济、自然背景迥异，初步的定性分析尚无法得到普遍性的结论。因此，本节利用城市截面数据建立回归模型，探讨城市空间形态对空气质量的影响作用。本章在模型中引入了多种控制变量，以排除地理区位、城市规模、工业排放、经济发展等因素的影响，将研究的焦点集中于城市空间形态本身。

### 3.3.1 空间形态指标

相关研究通常从以下几个方面对城市空间形态进行测度，分析其对空气质量的影响：Smart Growth America 提出四个维度指标，包括城市密度、中心度、土地利用混合度及街道网络可达性；城市形状特征，主要描述城市轮廓几何特征，包括紧凑度与连接度等指标，通常使用景观格局指数进行度量。本章选取人口密度、中心度、用地混合度、道路可达性、城市连接度及形状复杂度作为城市空间形态指标。

（1）人口密度

现有研究通常采用统计年鉴中的人口密度数据，但这类指标对城市人口的界定还不够清晰，常常包含了城市建成区之外的农村人口或下辖远城区的人口，影响统计结果的准确性。另外，该人口密度通常对人口居住地进行统计，代表城市午夜至凌晨人口分布状况，对城市日间就业人口密度的描述能力不足 [1]。本章采用 LandScan 研制的 24 小时人口动态分布数据，以描述全天人口动态分布特征。将人口空间分布数据与城市建成区边界数据进行 GIS 空间叠置分析，计算各个城市平均人口密度。城市人口空间分布如图 3-4 所示，铁岭人口密度较低、天津人口密度中等、深圳人口密度较高。

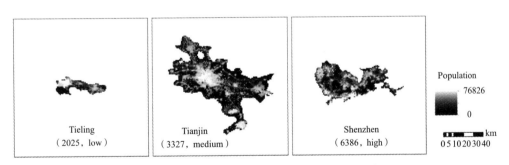

**图 3-4　人口密度示意图（铁岭、天津、深圳）**

**（图片来源：作者自绘）**

（2）中心度

城市中心是城市人口、经济、商业、交通等最为集中的地区。城市中心度是对城市中心区域中人口或经济活动等空间集聚程度的度量，反映了城市中心相对其他地区的重要程

---

① 丁成日. 中国城市的人口密度高吗？[J]. 城市规划，2004，28（8）：43-48.

度。例如居住密度、就业密度、资本密度、建筑密度、土地与房产价格等都会随着离市中心的距离增大而减小。通常使用的测度指数有城市密度梯度曲线，一般用来刻画一类因距离城市中心半径增大而要素属性降低的现象 [1][2]。另外，城市中心度的测算也可以使用城市统计单元上，某个要素密度的标准差与密度平均值的比值进行计算 [3]，该指数越大代表城市中心或副中心的聚集度越强；反之，该指数越小代表地理要素在城市内的空间分布越均值，中心性不够明显。本章使用第二种测度方法，基于建成区的 LandScan 人口分布数据，计算城市人口标准差与人口密度的比值，作为城市中心度的指标。样本城市的中心度指标如图 3-5 所示。

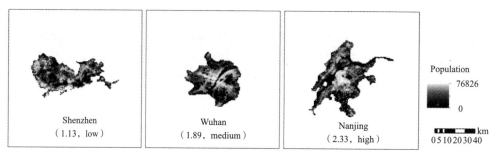

图 3-5　中心度示意图（深圳、武汉、南京）

（图片来源：作者自绘）

（3）用地混合度

用地混合或土地利用混合指的是同一地块上具有两种或多种土地利用性质。城市用地混合程度表示城市内不同性质的土地混合利用的总体情况，其影响着城市人口、就业的空间分布、城市功能空间布局，会对城市居民交通出行的方式、距离及分布产生影响 [4]。单个地块的土地利用混合度通常采用信息熵指标进行计算，信息熵值越高代表混合利用程度越大，具体计算如公式 3-1 所示：

$$S = -\sum_{i=1}^{n} p_i * log_{10} p_i$$

公式 3-1

其中，$p_i$ 代表 $i$ 类用地类型所占的比例，$n$ 代表用地类型总数。

本章采用全国近一百万条 POI 数据来对城市土地利用混合程度进行测度。POI 数据的属性除了包括地理位置信息外，还含有地理要素的名称信息。研究采用 POI 名称对其类型进行划分。例如，"阳光花园"、"东升小区"、"金源公寓"等为居住用地，"中国移动营业厅"、"工商银行"、"自

① 杨永春，李欣珏．中国城市资本密度空间变化与机制——以兰州市为例 [J]．地理研究，2009（4）：933-946.

② 杨奎奇，汪应宏，张绍良，等．基于密度梯度曲线的中国城市地价特征及区域差异 [J]．地理研究，2012，31（9）：1652-1660.

③ Ewing R, Pendall R, Chen D. Measuring sprawl and its transportation impacts[J]. Transportation Research Record: Journal of the Transportation Research Board, 2003（1831）: 175-183.

④ 林红，李军．出行空间分布与土地利用混合程度关系研究——以广州中心片区为例 [J]．城市规划，2008（09）：53-56.

强超市"、"汇通酒店"、"美嘉购物广场"等为商业服务用地，"第一汽车制造厂"、"长城工业公司"等为工业用地，"政府"、"党委"、"国土局"、"居委会"等为公共服务用地，"大学"、"学校"、"培训机构"、"幼儿园"等为教育用地。

采用 1km 网格与 POI 数据进行空间叠置（如图 3-6，以上海市为例），计算各个网格的用地混合度，如图 3-7 所示。

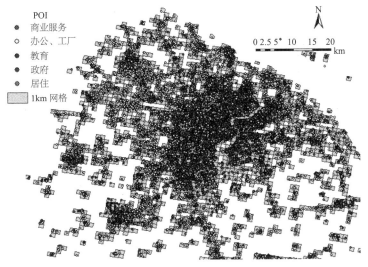

图 3-6　POI 与网格空间叠置示意图

（图片来源：作者自绘）

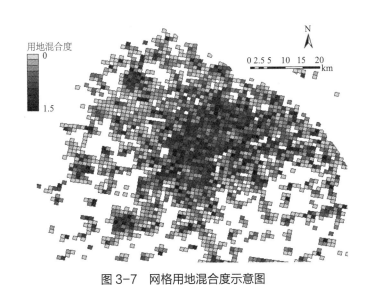

图 3-7　网格用地混合度示意图

（图片来源：作者自绘）

计算各个城市所有网格用地混合度的平均值，作为城市用地混合度指标，如图 3-8 所示。

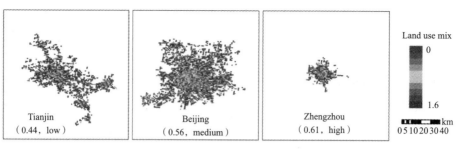

图 3-8　用地混合度示意图（天津、北京、郑州）

（图片来源：作者自绘）

（4）城市连续度与形状复杂度

景观格局指数常常用于城市增长、城市蔓延等研究之中，用来度量城市用地空间形态特征[1]。本章分别选取聚合度指数 *AI* 及形状指数 *SHAPE* 来测度城市连续度与形状复杂度，利用 Fragstats 软件计算 157 个城市的指标值。

聚合度 *AI* 指数用来反映相同类型用地的集聚程度。其取值范围在 0 ～ 100 之间，当用地的空间破碎程度最大时，*AI* 的值等于 0；随着集聚程度的提升，*AI* 值将不断增大；当同一类型地块集聚成一个整体时，*AI* 的值为 100。下式中，$g_{ij}$ 基于单倍法的地块类型 *i* 像元之间的结点数，$maxg_{ii}$ 为基于单倍法的地块类型 *i* 像元之间的最大节点数，$p_i$ 为景观中斑块类型的面积比重。样本城市的连续度指标如图 3-9 所示。

$$AI = \left[ \sum_{i=1}^{m} \left( \frac{g_{ii}}{maxg_{ii}} \right) p_i \right] \times 100$$

公式 3-2

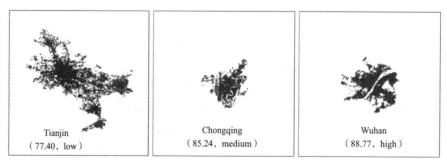

图 3-9　城市连续度示意图（天津、重庆、武汉）

（图片来源：作者自绘）

形状指数 *SHAPE* 是对用地形状复杂性最简单与直接的度量方法，它通过与正方形的标准进行对照，消除了周长面积比中，因地块面积变化导致的周长面积比值变化带来的影响。$a_{ij}$ 表示地块的面积，$p_{ij}$ 表示地块的周长，*A* 为城市用地的总面积。其数值越大，表示城市用地的

① Bhatta B, Saraswati S, Bandyopadhyay D. Urban sprawl measurement from remote sensing data[J]. Applied geography, 2010, 30（4）：731-740.

形状轮廓越复杂。样本城市的复杂度指标如图 3-10 所示。

$$SHAPE = \sum \frac{a_{ij}}{A} \cdot \frac{0.25 \cdot p_{ij}}{\sqrt{a_{ij}}}$$

公式 3-3

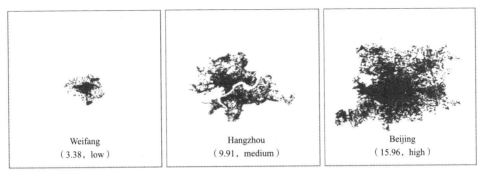

图 3-10　城市复杂度示意图（潍坊、杭州、北京）

（图片来源：作者自绘）

（5）道路可达性

采用人均城市道路面积指标来表征可达性，反映道路交通设施的服务水平，数据来源为《中国城市建设统计年鉴》。

### 3.3.2　社会经济指标

除城市空间形态外，一些自然、社会及经济因素也与空气污染存在直接或间接的关系，需要在模型中控制其影响。本章选取城市人口总量、气象条件、经济发展、工业排放等因子作为模型的控制变量。

城市人口总量与机动车行驶总距离直接相关，会影响到尾气排放量。这里仍采用 Landscan 空间数据统计城市人口总量，以保证城市空间形态指标与控制变量的数据一致性。城市气象条件会作用于空气污染物的形成、聚集、扩散等过程，直接影响污染物浓度。本研究从中国气象科学数据共享服务网上收集 2014 年样本城市的气象数据，选取年均气温、年均湿度、年降雨量及年均风速四项气象因子。由于降雨量指标与平均气温（0.871***，0.000）、平均湿度（0.798***，0.000）指标显著相关，为了简化模型因子，避免多重共线性，最终模型只保留年降雨量与平均风速两项指标。选取人均国民生产总值（GDP）指标来表征城市经济发展状况，数据来源于《中国城市统计年鉴》。城市工业排放是中国城市空气污染的主要来源之一，需在模型中进行控制。本章选取《中国城市统计年鉴》工业 $SO_2$ 与颗粒物排放总量，表示工业废气排放量。

### 3.3.3　线性回归模型

针对 $NO_2$、$SO_2$、$PM_{2.5}$、$PM_{10}$、CO 及 $O_3$ 六类污染物，本章分别建立了 6 组线性回归模型，来测度城市空间形态对空气质量的影响。每个模型中包括 11 个自变量量，平均各自变量有 14 个观测样本，保证了模型的有效性。各个变量统计指标如表 3-5 所示。

| 指标 | 名称 | 最小值 | 最大值 | 均值 | 标准差 | 单位 |
|---|---|---|---|---|---|---|
| 污染物人口加权浓度 | $PM_{2.5}$ | 7 | 129 | 61 | 22 | $\mu g/m^3$ |
| | $PM_{10}$ | 12 | 232 | 103 | 38 | $\mu g/m^3$ |
| | $NO_2$ | 4 | 63 | 37 | 11 | $\mu g/m^3$ |
| | $SO_2$ | 2 | 118 | 35 | 21 | $\mu g/m^3$ |
| | CO | 0 | 6 | 2 | 1 | $mg/m^3$ |
| | $O_3$ | 20 | 255 | 160 | 33 | $\mu g/m^3$ |
| 密度 | Density | 1114 | 9626 | 3552 | 1366 | 人 /km$^2$ |
| 中心度 | Centering | 0.20 | 3.82 | 1.87 | 0.52 | |
| 混合度 | Mix | 0.00 | 0.80 | 0.53 | 0.11 | |
| 可达性 | Accessibility | 2.66 | 442.95 | 17.25 | 35.71 | m$^2$ |
| 复杂度 | Complexity | 1.92 | 23.11 | 5.46 | 3.30 | |
| 连续度 | Continuity | 66.69 | 93.83 | 84.13 | 4.73 | |
| 人口 | Population | 143926 | 21652722 | 1982132 | 2799707 | 人 |
| 降水 | Precipitation | 1006.0 | 28577.0 | 9992.8 | 5689.1 | 0.1mm |
| 风速 | Wind speed | 8.5 | 52.3 | 22.7 | 5.6 | 0.1m/s |
| 人均 GDP | GDP | 24188 | 467749 | 90517 | 60968 | 元 |
| 工业排放 | Indus-Emission | 224 | 761380 | 101441 | 98111 | 吨 |

（表格来源：作者自绘）

## 3.4 结果分析

各线性回归模型结果如表 3-6 所示，$R^2$ 的取值范围为 0.286 ~ 0.466，虽然预测能力并不是很强，但是模型整体显著性较高（p<0.0001），表明模型中的城市空间形态指标与控制变量对各个污染物浓度指标有着重要的影响。各模型的方差膨胀因子（VIF）均小于 4，说明各因子间的共线性并不明显。相对而言，$O_3$ 的 $R^2$ 较低，模型的解释性较差，其原因可能为 $O_3$ 会与 NO 产生化学反应，形成 $NO_2$ 与分子氧。

线性回归模型结果（标准 B 系数与显著性）　　　　　表 3-6

| 指标 | $PM_{2.5}$ | $PM_{10}$ | $NO_2$ | CO | $SO_2$ | $O_3$ |
|---|---|---|---|---|---|---|
| 密度 | −0.235** | −0.192** | −0.153 | −0.114 | −0.146 | −0.321*** |
| 中心度 | −0.175** | −0.162** | −0.024 | −0.153* | −0.133* | −0.044 |
| 混合度 | 0.18** | 0.028 | 0.114 | 0.034 | −0.094 | −0.001 |
| 可达性 | −0.169** | −0.152** | −0.111 | −0.055 | −0.124* | −0.038 |
| 复杂度 | 0.105 | 0.152 | 0.259** | 0.182 | 0.054 | 0.151 |

| 指标 | PM$_{2.5}$ | PM$_{10}$ | NO$_2$ | CO | SO$_2$ | O$_3$ |
|---|---|---|---|---|---|---|
| 连续度 | 0.153* | 0.189** | 0.02 | 0.091 | 0.162** | 0.137 |
| 人口 | 0.132 | 0.018 | 0.223** | −0.109 | −0.097 | 0.146 |
| 降水 | −0.337*** | −0.509*** | −0.326*** | −0.333*** | −0.435*** | 0.077 |
| 风速 | −0.191*** | −0.133** | −0.089 | −0.039 | −0.019 | 0.095 |
| GDP | −0.166 | −0.143* | −0.001 | −0.197** | −0.088 | −0.097 |
| 工业排放 | 0.161** | 0.167** | 0.246*** | 0.283*** | 0.265*** | 0.171** |
| Ajusted R$^2$ | 0.354*** | 0.452*** | 0.357*** | 0.295*** | 0.400*** | 0.069** |

注：*p<0.1，**p<0.05，***p<0.01。

（表格来源：作者自绘）

为了比较空间形态与社会经济指标对不同污染物浓度的影响程度，本章利用柱状图进行展示。如图 3-11 所示，柱状图数值大小表示，空间形态或社会经济指标每增加一个标准差（std. Deviation），污染物浓度相应变化的比例（％）。

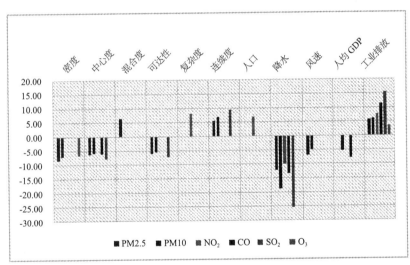

图 3-11　各项指标对污染浓度的影响程度

（图片来源：作者自绘）

### 3.4.1　空间形态影响

模型结果表明，在控制其他社会经济因素的影响后，城市空间形态指数仍然与污染物浓度指标显著相关。

人口密度对 PM$_{2.5}$、PM$_{10}$ 及 O$_3$ 浓度有显著的负向影响。在将其他影响因子取平均值的情况下，人口密度每增加一个标准差数值，会使 PM$_{2.5}$、PM$_{10}$ 及 O$_3$ 浓度降低 5.14μg/m$^3$，7.27μg/m$^3$，10.70μg/m$^3$，约为现状平均浓度的 8%、7% 和 6%。其中，人口密度标准差为 1366 人 /km$^2$，对于人口总量相当的两个城市来说，相当于将杭州的人口密度提升到西安的水平。在美国有关城市空间形态对空气质量的影响研究表明，人口密度较高的城市通常 $PM_{2.5}$、$O_3$ 浓度较低，或者超标天数较少，这主要由于高密度的城市发展模式能够降低私家车出行依赖性，减少人均尾气排放量。

中心度也与污染物浓度呈现负相关。将其他变量控制在平均值，城市中心度提高一倍标准差值，会使 $PM_{2.5}$、$PM_{10}$、CO 和 $SO_2$ 的浓度指标分别下降 $3.82\mu g/m^3$、$6.13\mu g/m^3$、$0.14\mu g/m^3$、$2.75\mu g/m^3$，约为现状平均水平的 6%、6%、6% 及 8%。对于两个人口密度基本相当的城市来说，中心度指标增加一倍标准差，相当于从厦门到长春的改变程度。城市中心度表示城市人口的聚集程度，与城市中心与其他地点间的人口流动相关。在中心度较低的城市，更易产生非中心节点间的交通流，机动车出行量和行驶距离上升。

对用地混合度指标来说，高混合度的城市表现出更高的 $PM_{2.5}$ 浓度，但对其他污染物浓度指标的影响并不明显。一方面，我国城市用地混合度通常较高，易导致高峰期间的交通流向杂乱与交通拥堵，增加了机动车的尾气排放。另一方面，用地混合度的提升由助于促进职住均衡，降低机动车出行需求与出行距离，对空气质量产生正面的效果。总体上，两方面综合作用相互抵消，最终效果并不明显。

道路可达性与 $PM_{2.5}$、$PM_{10}$ 及 $SO_2$ 的浓度指标显著负相关。人均道路面积每上升一个标准差值，$PM_{2.5}$、$PM_{10}$ 及 $SO_2$ 的浓度指标对应降低 $3.69\mu g/m^3$、$5.75\mu g/m^3$、$2.57\mu g/m^3$，约为现状平均水平的 6%、6% 及 7%。道路交通服务水平的提升有利于减少交通拥堵，提高机动车行驶车速，减少尾气排放量。

形状复杂度并未呈现出显著的影响作用，说明城市外围轮廓的不规则性与空气质量的关系并不明显，与 Clark[1] 研究结论相似。而另一美国城市的研究表明[2]，城市形状复杂度可能会提升 $NO_2$ 与 $PM_{2.5}$ 浓度。此研究使用空间分辨率为 30m 的土地覆盖数据对城市复杂度进行测度，因此反映了城市内部的用地形状复杂度对交通出行的影响。城市内复杂的街道构形加之城市边缘轮廓的不规则形态，都有可能增加机动车行驶的距离及时间，即会从尾气中带来更多的污染物。当这些污染物大部分滞留在城市的街道上时，便会降低城市的空气质量。而本书使用的土地覆盖数据为 250m，主要表征的是城市的外围轮廓形状。后续研究可采用分辨率更高的城市用地数据进行测度。

城市连续度的上升会显著增加空气污染物浓度，其数值每上升一个标准差值，会使 $PM_{2.5}$、$PM_{10}$ 及 $SO_2$ 浓度分别上升 $3.34\mu g/m^3$、$7.15\mu g/m^3$、$3.35\mu g/m^3$，上升幅度为 5%、7% 和 9%。而欧美国家的结论与此截然相反，较高的城市连续度能显著的降低机动车尾气的污染物排放量。究其原因，可能是城市空间形态巨大差异造成的。对于大多数美国城市来讲，城市中心主要为商务功能，而居住人口主要分布在城市郊区[3]。城市人口密度较低，土地利用比较单一，公交系统的服务范围较小，居民对自驾车出行产生了巨大的依赖性。城市连续度反映的是，在

---

① Clark L P, Millet D B, Marshall J D. Air quality and urban form in US urban areas: evidence from regulatory monitors[J]. Environmental science & technology, 2011, 45（16）: 7028-7035.
② Bereitschaft B, Debbage K. Urban form, air pollution, and $CO_2$ emissions in large US metropolitan areas[J]. The Professional Geographer, 2013, 65（4）: 612-635.
③ 张景奇, 娄成武. 中美城市蔓延特征差异对比及对中国蔓延治理的启示[J]. 资源科学, 2014, 36（10）: 2131-2139.

城市郊区化进程中，城市用地"蛙跳式"发展的形态。连续度越低，新增用地"蛙跳"得越远，即会引发更长的通勤、购物、休闲娱乐的机动车行驶距离。比美国城市相比，中国城市空间形态更为紧凑，城市用地间的间隔更小[①]。中国城市连续度反映了城市用地蔓延程度，即"摊大饼"模式的增长规模。连续度越高，城市用地蔓延得越厉害，居民的通勤时间与距离越长。因此，城市连续度的上升会增加城市机动车尾气排放量，提高空气污染物浓度。除机动车尾气外，城市连续度可能通过其他非途径影响城市空气质量。高度连续的城市建筑与街道增加了城市不透水层的面积，加强了城市热岛效应，会提升城市气温，促进 $O_3$ 等污染的生成。此外，连续、紧凑的高层建筑会阻碍空气流通，导致城市内部空气污染物累积。

### 3.4.2 社会经济影响

在所有控制变量中，工业排放是对所有污染物浓度影响最为显著的因子，说明工业废气排放仍然是我国一些城市空气污染重要的源头之一。华北地区的唐山、邯郸等城市对重污染型行业依赖性较大，工业废气排放量长期排行全国前列，导致了空气质量的重度污染。对于这些城市，转变经济结构，实行节能减排措施是净化城市空气的必要手段。除 $NO_2$ 外，人口总量与污染物浓度指标并未显著相关，表明城市规模的增长并不一定会导致空气质量的恶化，城市空间形态的影响可能更重要。降雨量及平均风速等气象因素对污染浓度有着显著的负向影响。雨水对气体污染物或细颗粒物有着稀释和沉降作用，能够在一定程度上提升空气质量[②]。静风环境下，城市中空气污染物易于积聚，浓度升高，而城市风能帮助将污染物带离城市，稀释扩散污染物，因而沿海城市的空气质量一般都优于内陆城市。人均 GDP 与 $PM_{10}$ 及 CO 浓度指标显著负相关，说明经济发展较好的城市可能在环境保护、工业污染控制、机动车排放标准等方面更为重视，资金投入更高，空气质量水平也相对较好。

总的看来，城市空间形态因子对空气质量的影响与社会经济控制变量相当。例如，城市人口密度、中心度、道路可达性指标每上升 1 倍标准差值，将使相关污染物浓度降低 6% ~ 8%；风速等气象因子改变 1 倍标准差值，污染物浓度会随之改变 5% ~ 7%。因此，城市空间形态的调节与优化能够发挥改善空气质量的作用。

## 3.5 结论与讨论

研究表明，我国城市人口密度、中心度、连续度等空间形态指标，对空气质量有着显著的影响，需要在规划实践中引起重视。我国城市密度虽显著高于欧美发达国家，但却低于香港、首尔、东京等亚洲城市水平。低密度的蔓延式发展成为了过去 20 年中国城市发展的主要模式，带来了一系列资源与环境问题。"摊大饼"的增长不仅侵占了城市周边的农田和绿地，也使得城市人口密度开始下降，基础设施服务无法跟上城市扩张的步伐，特别是公共交通系统在城市扩张的边缘区域服务水平还较低。因此，低密度蔓延式发展增大了居民对机动车出行，

---

① Huang J, Lu X X, Sellers J M. A global comparative analysis of urban form: Applying spatial metrics and remote sensing[J]. Landscape and urban planning, 2007, 82（4）: 184-197.
② Shukla J B, Misra A K, Sundar S, et al. Effect of rain on removal of a gaseous pollutant and two different particulate matters from the atmosphere of a city[J]. Mathematical and Computer Modelling, 2008, 48（5）: 832-844.

特别是私家车出行的依耐性，机动车尾气排放量逐渐上升，成为了城市空气污染的主要源头，对中国城市空气质量的恶化负有一定责任。除人口密度之外，城市中心度也对空气质量有着显著的作用，其主要影响城市居民的交通流动方向。通常认为单中心的城市结构适合于中小城市，其方便于公共交通系统的组织与运行，以降低驾驶私家车出行的数量。然而，单中心的城市结构却并不适合于北京这样的超大城市。北京市中心人口、就业及经济活动过于集中，导致了市中心严重的交通拥堵问题，而机动车在拥堵情况下的尾气污染物排放量最大[①]。另外，北京城市的主要就业、医疗、教育等公共服务都集中在城市中心地区，给其他地区的居民带来更远距离、更长时间的通行要求，因而大幅提升了机动车尾气的排放量。

就城市密度、中心度、城市连续度几个方面而言，可以通过以下途径改变城市空间形态，起到降低机动车尾气排放、改善空气质量的作用。（1）设立城市增长边界（Urban Growth Boundary，UGB）是美国城市广泛采用的规划措施，能在一定程度上控制城市蔓延，促进精明增长[②]。依据美国经验，城市增长边界不仅能够抑制蔓延增长，保护城市周边的农田与生态用地，还能够提高城市的人口密度，降低机动车行驶距离，减少尾气排放量[③]。（2）优化城市空间结构，特别是加强副中心的建设，建立便捷的公共交通系统，通过地铁、BRT等快速公交将城市中心与副中心连接在一起，鼓励公共交通导向的开发模式（Transit Oriented Development，TOD），降低对私家车依赖性，减少尾气污染排放。

本章研究还存在一定的不足有待改善。（1）本研究主要依赖空气质量监测点的数据对城市空气污染浓度进行测度，对一些监测点空间分布稀疏、不均衡的城市，会产生一定误差。（2）污染区域传输是我国雾霾污染的重要来源之一，本章研究还未考虑其影响。例如，北京2013年初的严重雾霾天气主要来源于华北地区的远距离传输[④]，这些影响因素的缺乏都有可能造成模型结果的误差。例如，秸秆焚烧常常会影响周边城市的空气质量，今后研究需要考虑周边地区对城市空气的影响。（3）本章研究使用线性回归模型，其$R^2$在0.286与0.466之间，预测能力还不，可考虑空间回归模型进行优化。（4）样本城市数量还不充分，空间数据的精度也有待提升。

① 黄宇，张庆. 行车速度对北京市机动车排放因子的影响 [J]. 交通标准化，2014，42（24）：102-106.
② Jun M. The effects of Portland's urban growth boundary on housing prices[J]. Journal of the American Planning Association, 2006, 72（2）: 239-243.
③ 吴箐，钟式玉. 城市增长边界研究进展及其中国化探析 [J]. 热带地理，2011，31（4）：409-415.
④ 彭应登. 北京近期雾霾污染的成因及控制对策分析 [J]. 工程研究:跨学科视野中的工程,2013,5（3）：233-239.

# 第4章 城市空间形态对雾霾污染的影响

## ——基于全国PM<sub>2.5</sub>遥感监测数据的空间回归分析

上章研究探讨了城市空间形态与多个空气污染物浓度之间的关联,本章重点讨论细颗粒物 $PM_{2.5}$,并针对上文研究不足进行改进。$PM_{2.5}$是我国近年来大范围、长时间的雾霾污染的罪魁祸首,其可经呼吸道进入肺部与血液,严重危害人体健康。由于国家空气污染监测点并未覆盖我国所有城市,特别是 $PM_{2.5}$ 监测数据较为缺乏,导致城市样本数量较少,难以进行稳健的回归分析。卫星遥感技术具有全覆盖、全周期、高精度的对地观测优势,能够通过 MODIS 气溶胶数据反演地面 $PM_{2.5}$ 浓度,提供了一条解决途径。另外,污染区域传输也是城市雾霾的重要来源,空气污染程度具有高度的空间自相关性,而上章研究忽略了此方面的影响,可能会给模型分析结果带来一定偏差。基于此,本书选取全国 269 个地级市为样本,应用 $PM_{2.5}$ 遥感监测数据、城市 GIS 数据、社会经济统计数据,利用空间回归模型,研究城市空间形态对雾霾污染的影响。

## 4.1 研究区域与数据

### 4.1.1 研究区域

如表 4-1 所示,研究样本包括 4 个直辖市、26 个省会城市及 239 个地级市,共计 269 个城市。部分城市由于统计数据或 GIS 空间数据缺失未被纳入样本。

城市样本列表    表 4-1

| 省份 | 城市 | 规模等级 | 行政级别 | 省份 | 城市 | 规模等级 | 行政级别 |
|------|------|----------|----------|------|------|----------|----------|
|  | 马鞍山市 | 中等城市 | 地级市 |  | 徐州市 | 一型大城市 | 地级市 |
|  | 芜湖市 | 二型大城市 | 地级市 |  | 宿迁市 | 二型大城市 | 地级市 |
|  | 合肥市 | 一型大城市 | 省会 |  | 淮安市 | 二型大城市 | 地级市 |
|  | 蚌埠市 | 中等城市 | 地级市 |  | 常州市 | 一型大城市 | 地级市 |
| 安徽 | 阜阳市 | 二型大城市 | 地级市 | 江苏 | 南京市 | 特大城市 | 省会 |
|  | 淮南市 | 二型大城市 | 地级市 |  | 无锡市 | 一型大城市 | 地级市 |
|  | 六安市 | 二型大城市 | 地级市 |  | 扬州市 | 二型大城市 | 地级市 |
|  | 铜陵市 | 小城市 | 地级市 |  | 镇江市 | 二型大城市 | 地级市 |
|  | 池州市 | 中等城市 | 地级市 |  | 苏州市 | 特大城市 | 地级市 |

| 省份 | 城市 | 规模等级 | 行政级别 | 省份 | 城市 | 规模等级 | 行政级别 |
|---|---|---|---|---|---|---|---|
| 安徽 | 安庆市 | 中等城市 | 地级市 | 江苏 | 泰州市 | 二型大城市 | 地级市 |
| | 淮北市 | 二型大城市 | 地级市 | | 连云港市 | 二型大城市 | 地级市 |
| | 亳州市 | 二型大城市 | 地级市 | | 盐城市 | 二型大城市 | 地级市 |
| | 宣城市 | 中等城市 | 地级市 | | 南通市 | 二型大城市 | 地级市 |
| | 黄山市 | 小城市 | 地级市 | 江西 | 九江市 | 中等城市 | 地级市 |
| | 滁州市 | 中等城市 | 地级市 | | 南昌市 | 二型大城市 | 省会 |
| 北京 | 北京市 | 超大城市 | 直辖市 | | 吉安市 | 中等城市 | 地级市 |
| 重庆 | 重庆市 | 特大城市 | 直辖市 | | 上饶市 | 小城市 | 地级市 |
| 福建 | 宁德市 | 小城市 | 地级市 | | 鹰潭市 | 小城市 | 地级市 |
| | 龙岩市 | 小城市 | 地级市 | | 宜春市 | 二型大城市 | 地级市 |
| | 福州市 | 二型大城市 | 省会 | | 景德镇市 | 小城市 | 地级市 |
| | 南平市 | 小城市 | 地级市 | | 赣州市 | 中等城市 | 地级市 |
| | 三明市 | 小城市 | 地级市 | | 新余市 | 中等城市 | 地级市 |
| | 泉州市 | 二型大城市 | 地级市 | | 萍乡市 | 中等城市 | 地级市 |
| | 厦门市 | 一型大城市 | 地级市 | 吉林 | 长春市 | 一型大城市 | 省会 |
| | 莆田市 | 二型大城市 | 地级市 | | 吉林市 | 二型大城市 | 地级市 |
| | 漳州市 | 中等城市 | 地级市 | | 松原市 | 中等城市 | 地级市 |
| 甘肃 | 兰州市 | 二型大城市 | 省会 | | 白城市 | 中等城市 | 地级市 |
| | 金昌市 | 小城市 | 地级市 | | 四平市 | 中等城市 | 地级市 |
| | 武威市 | 二型大城市 | 地级市 | | 辽源市 | 小城市 | 地级市 |
| | 张掖市 | 中等城市 | 地级市 | | 白山市 | 中等城市 | 地级市 |
| | 白银市 | 小城市 | 地级市 | | 通化市 | 小城市 | 地级市 |
| | 庆阳市 | 小城市 | 地级市 | 辽宁 | 抚顺市 | 二型大城市 | 地级市 |
| | 平凉市 | 小城市 | 地级市 | | 本溪市 | 二型大城市 | 地级市 |
| | 定西市 | 小城市 | 地级市 | | 鞍山市 | 二型大城市 | 地级市 |
| | 天水市 | 二型大城市 | 地级市 | | 盘锦市 | 中等城市 | 地级市 |
| | 陇南市 | 中等城市 | 地级市 | | 铁岭市 | 小城市 | 地级市 |
| | 嘉峪关市 | 小城市 | 地级市 | | 丹东市 | 中等城市 | 地级市 |
| | 酒泉市 | 小城市 | 地级市 | | 沈阳市 | 特大城市 | 省会 |
| 广东 | 河源市 | 小城市 | 地级市 | | 锦州市 | 二型大城市 | 地级市 |
| | 清远市 | 中等城市 | 地级市 | | 辽阳市 | 中等城市 | 地级市 |
| | 潮州市 | 小城市 | 地级市 | | 朝阳市 | 中等城市 | 地级市 |
| | 汕头市 | 二型大城市 | 地级市 | | 葫芦岛市 | 中等城市 | 地级市 |
| | 揭阳市 | 中等城市 | 地级市 | | 大连市 | 一型大城市 | 地级市 |
| | 东莞市 | 特大城市 | 地级市 | | 阜新市 | 中等城市 | 地级市 |

| 省份 | 城市 | 规模等级 | 行政级别 | 省份 | 城市 | 规模等级 | 行政级别 |
|---|---|---|---|---|---|---|---|
| 广东 | 佛山市 | 一型大城市 | 地级市 | 内蒙古 | 包头市 | 二型大城市 | 地级市 |
| | 广州市 | 超大城市 | 省会 | | 巴彦淖尔市 | 中等城市 | 地级市 |
| | 江门市 | 二型大城市 | 地级市 | | 赤峰市 | 二型大城市 | 地级市 |
| | 深圳市 | 超大城市 | 地级市 | | 呼和浩特市 | 二型大城市 | 省会 |
| | 中山市 | 二型大城市 | 地级市 | | 鄂尔多斯市 | 小城市 | 地级市 |
| | 珠海市 | 二型大城市 | 地级市 | | 呼伦贝尔市 | 小城市 | 地级市 |
| | 惠州市 | 二型大城市 | 地级市 | | 通辽市 | 中等城市 | 地级市 |
| | 韶关市 | 中等城市 | 地级市 | 宁夏 | 石嘴山市 | 小城市 | 地级市 |
| | 梅州市 | 小城市 | 地级市 | | 银川市 | 二型大城市 | 省会 |
| | 云浮市 | 小城市 | 地级市 | | 吴忠市 | 小城市 | 地级市 |
| | 阳江市 | 中等城市 | 地级市 | | 中卫市 | 小城市 | 地级市 |
| | 茂名市 | 二型大城市 | 地级市 | | 固原市 | 小城市 | 地级市 |
| | 湛江市 | 二型大城市 | 地级市 | 青海 | 西宁市 | 二型大城市 | 省会 |
| | 肇庆市 | 中等城市 | 地级市 | 陕西 | 渭南市 | 中等城市 | 地级市 |
| 广西 | 桂林市 | 中等城市 | 地级市 | | 西安市 | 特大城市 | 省会 |
| | 河池市 | 小城市 | 地级市 | | 咸阳市 | 中等城市 | 地级市 |
| | 贺州市 | 二型大城市 | 地级市 | | 宝鸡市 | 二型大城市 | 地级市 |
| | 百色市 | 小城市 | 地级市 | | 商洛市 | 中等城市 | 地级市 |
| | 贵港市 | 二型大城市 | 地级市 | | 汉中市 | 中等城市 | 地级市 |
| | 钦州市 | 二型大城市 | 地级市 | | 安康市 | 二型大城市 | 地级市 |
| | 防城港市 | 中等城市 | 地级市 | | 铜川市 | 中等城市 | 地级市 |
| | 柳州市 | 二型大城市 | 地级市 | | 榆林市 | 中等城市 | 地级市 |
| | 南宁市 | 一型大城市 | 省会 | 山东 | 烟台市 | 二型大城市 | 地级市 |
| | 北海市 | 中等城市 | 地级市 | | 东营市 | 中等城市 | 地级市 |
| | 来宾市 | 二型大城市 | 地级市 | | 威海市 | 中等城市 | 地级市 |
| | 梧州市 | 中等城市 | 地级市 | | 滨州市 | 中等城市 | 地级市 |
| 贵州 | 六盘水市 | 小城市 | 地级市 | | 济南市 | 一型大城市 | 省会 |
| | 安顺市 | 中等城市 | 地级市 | | 潍坊市 | 二型大城市 | 地级市 |
| | 贵阳市 | 一型大城市 | 省会 | | 聊城市 | 二型大城市 | 地级市 |
| | 遵义市 | 二型大城市 | 地级市 | | 德州市 | 中等城市 | 地级市 |
| 海南 | 海口市 | 二型大城市 | 省会 | | 青岛市 | 一型大城市 | 地级市 |
| | 三亚市 | 中等城市 | 地级市 | | 淄博市 | 二型大城市 | 地级市 |
| 河北 | 唐山市 | 一型大城市 | 地级市 | | 莱芜市 | 二型大城市 | 地级市 |
| | 沧州市 | 中等城市 | 地级市 | | 泰安市 | 二型大城市 | 地级市 |
| | 保定市 | 二型大城市 | 地级市 | | 日照市 | 二型大城市 | 地级市 |

| 省份 | 城市 | 规模等级 | 行政级别 | 省份 | 城市 | 规模等级 | 行政级别 |
|---|---|---|---|---|---|---|---|
| 河北 | 衡水市 | 小城市 | 地级市 | 山东 | 济宁市 | 二型大城市 | 地级市 |
| | 张家口市 | 中等城市 | 地级市 | | 菏泽市 | 二型大城市 | 地级市 |
| | 秦皇岛市 | 二型大城市 | 地级市 | | 临沂市 | 二型大城市 | 地级市 |
| | 廊坊市 | 中等城市 | 地级市 | | 枣庄市 | 二型大城市 | 地级市 |
| | 石家庄市 | 二型大城市 | 省会 | 上海 | 上海市 | 超大城市 | 直辖市 |
| | 邢台市 | 中等城市 | 地级市 | 山西 | 大同市 | 二型大城市 | 地级市 |
| | 邯郸市 | 二型大城市 | 地级市 | | 太原市 | 一型大城市 | 省会 |
| 黑龙江 | 齐齐哈尔市 | 二型大城市 | 地级市 | | 长治市 | 中等城市 | 地级市 |
| | 大庆市 | 二型大城市 | 地级市 | | 延安市 | 小城市 | 地级市 |
| | 哈尔滨市 | 一型大城市 | 省会 | | 吕梁市 | 小城市 | 地级市 |
| | 牡丹江市 | 中等城市 | 地级市 | | 运城市 | 中等城市 | 地级市 |
| | 佳木斯市 | 中等城市 | 地级市 | | 忻州市 | 中等城市 | 地级市 |
| | 鹤岗市 | 中等城市 | 地级市 | | 晋中市 | 中等城市 | 地级市 |
| | 双鸭山市 | 中等城市 | 地级市 | | 晋城市 | 小城市 | 地级市 |
| | 七台河市 | 中等城市 | 地级市 | | 阳泉市 | 中等城市 | 地级市 |
| | 鸡西市 | 中等城市 | 地级市 | | 临汾市 | 中等城市 | 地级市 |
| 河南 | 郑州市 | 一型大城市 | 省会 | | 朔州市 | 中等城市 | 地级市 |
| | 三门峡市 | 小城市 | 地级市 | 四川 | 绵阳市 | 二型大城市 | 地级市 |
| | 开封市 | 中等城市 | 地级市 | | 德阳市 | 中等城市 | 地级市 |
| | 洛阳市 | 二型大城市 | 地级市 | | 成都市 | 特大城市 | 省会 |
| | 平顶山市 | 二型大城市 | 地级市 | | 南充市 | 二型大城市 | 地级市 |
| | 南阳市 | 二型大城市 | 地级市 | | 泸州市 | 二型大城市 | 地级市 |
| | 濮阳市 | 中等城市 | 地级市 | | 宜宾市 | 中等城市 | 地级市 |
| | 鹤壁市 | 中等城市 | 地级市 | | 广元市 | 中等城市 | 地级市 |
| | 新乡市 | 二型大城市 | 地级市 | | 达州市 | 小城市 | 地级市 |
| | 商丘市 | 二型大城市 | 地级市 | | 遂宁市 | 二型大城市 | 地级市 |
| | 许昌市 | 小城市 | 地级市 | | 广安市 | 二型大城市 | 地级市 |
| | 周口市 | 中等城市 | 地级市 | | 资阳市 | 二型大城市 | 地级市 |
| | 漯河市 | 二型大城市 | 地级市 | | 眉山市 | 中等城市 | 地级市 |
| | 驻马店市 | 中等城市 | 地级市 | | 乐山市 | 二型大城市 | 地级市 |
| | 信阳市 | 二型大城市 | 地级市 | | 内江市 | 二型大城市 | 地级市 |
| | 安阳市 | 二型大城市 | 地级市 | | 巴中市 | 二型大城市 | 地级市 |
| | 焦作市 | 中等城市 | 地级市 | | 自贡市 | 二型大城市 | 地级市 |
| 湖北 | 武汉市 | 特大城市 | 省会 | | 攀枝花市 | 中等城市 | 地级市 |
| | 宜昌市 | 二型大城市 | 地级市 | 天津 | 天津市 | 超大城市 | 直辖市 |

| 省份 | 城市 | 规模等级 | 行政级别 | 省份 | 城市 | 规模等级 | 行政级别 |
|------|------|----------|----------|------|------|----------|----------|
| 湖北 | 荆州市 | 二型大城市 | 地级市 | 新疆 | 乌鲁木齐市 | 二型大城市 | 省会 |
|  | 十堰市 | 中等城市 | 地级市 |  | 克拉玛依市 | 小城市 | 地级市 |
|  | 襄樊市 | 二型大城市 | 地级市 | 云南 | 曲靖市 | 中等城市 | 地级市 |
|  | 鄂州市 | 二型大城市 | 地级市 |  | 昆明市 | 一型大城市 | 省会 |
|  | 黄石市 | 中等城市 | 地级市 |  | 保山市 | 中等城市 | 地级市 |
|  | 孝感市 | 中等城市 | 地级市 |  | 临沧市 | 小城市 | 地级市 |
|  | 咸宁市 | 中等城市 | 地级市 |  | 普洱市 | 小城市 | 地级市 |
|  | 随州市 | 中等城市 | 地级市 |  | 昭通市 | 中等城市 | 地级市 |
|  | 荆门市 | 中等城市 | 地级市 |  | 丽江市 | 小城市 | 地级市 |
| 湖南 | 岳阳市 | 二型大城市 | 地级市 |  | 玉溪市 | 小城市 | 地级市 |
|  | 张家界市 | 小城市 | 地级市 | 浙江 | 杭州市 | 特大城市 | 省会 |
|  | 常德市 | 二型大城市 | 地级市 |  | 宁波市 | 一型大城市 | 地级市 |
|  | 长沙市 | 一型大城市 | 省会 |  | 绍兴市 | 中等城市 | 地级市 |
|  | 衡阳市 | 二型大城市 | 地级市 |  | 湖州市 | 二型大城市 | 地级市 |
|  | 益阳市 | 二型大城市 | 地级市 |  | 温州市 | 一型大城市 | 地级市 |
|  | 郴州市 | 中等城市 | 地级市 |  | 嘉兴市 | 二型大城市 | 地级市 |
|  | 湘潭市 | 中等城市 | 地级市 |  | 金华市 | 二型大城市 | 地级市 |
|  | 株洲市 | 二型大城市 | 地级市 |  | 衢州市 | 中等城市 | 地级市 |
|  | 娄底市 | 小城市 | 地级市 |  | 丽水市 | 小城市 | 地级市 |
|  | 怀化市 | 小城市 | 地级市 |  |  |  |  |
|  | 邵阳市 | 中等城市 | 地级市 |  |  |  |  |
|  | 永州市 | 二型大城市 | 地级市 |  |  |  |  |

（表格来源：作者自绘）

## 4.1.2 实验数据

本章实验数据包括夜间灯光数据、$PM_{2.5}$ 遥感监测数据、人口空间分布数据、土地利用数据、气象数据、社会经济统计数据等，具体如下。

本章同样使用 DMSP/OLS 卫星遥感夜间灯光数据，来提取各个城市的建成区域[①]，以便于对不同城市空间形态进行测度。此区域仅包括各城市的中心城区，并不包含其下辖的县或县级市的建成区。各城市雾霾污染程度通过提取 2014 年全国 $PM_{2.5}$ 遥感监测数据获得[②]。该数据基于 MODIS 卫星遥感气溶胶数据及国家空气污染地面监测数据，采用深度学习方法反演得到地

---

① Jiang B. Head/tail breaks for visualization of city structure and dynamics[J]. Cities, 2015, 43: 69—77.

② Li T, Shen H, Zeng C, et al. Point-surface fusion of station measurements and satellite observations for mapping PM 2.5 distribution in China: Methods and assessment[J]. Atmospheric Environment, 2017, 152: 477—489.

表 PM$_{2.5}$ 浓度，其空间分辨率为 3km*3km，PM$_{2.5}$ 浓度准确率可达 82%，满足本研究的精度需求。本书对 269 个城市的建成区与 PM$_{2.5}$ 浓度数据进行叠加分析，如图 4-1 所示，计算各城市 PM$_{2.5}$ 浓度平均值以表征雾霾污染程度。

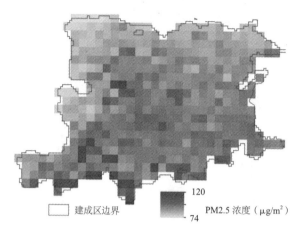

图 4-1　城市 PM$_{2.5}$ 浓度分布

（图片来源：作者自绘）

与上章研究相同，人口数据选取美国橡树岭实验室发布的 2014 年全球 1km 分辨率人口数据集 LandScan，将该数据与建成区边界数据进行空间叠置，如图 4-2 所示，计算城市人口密度。

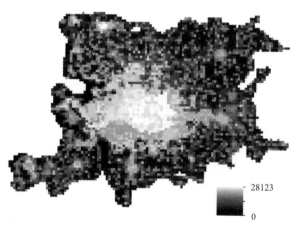

图 4-2　城市人口分布

（图片来源：作者自绘）

本章使用分辨率更高的土地利用数据 GlobeLand30，它是我国研制的全球首套 30m 分辨率全球地表覆盖数据集，其综合利用 Landsat TM、ETM+、HJ-1、BJ-1 等卫星遥感影像，采用基于像素分类—对象提取—知识检核的方法得到地表覆盖类型，分类精度达到 80% 以上。该套数据的空间分辨率优于上章研究使用的城市扩张数据集（250m），能够更好地反映城市用地形态。将该数据与城市建成区边界数据进行空间叠置，如图 4-3 所示。

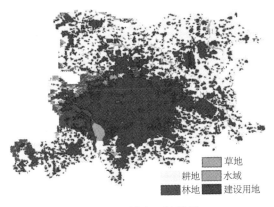

草地

耕地　水域

林地　建设用地

图 4-3　城市用地数据

（图片来源：作者自绘）

本章使用开放街道图中的道路数据，来测度道路交通指标，替代上章研究中的人均道路面积统计数据。开放街道图（OpenStreetMap，简称 OSM）是一个网上地图协作计划，数据开源，可以自由下载使用。将该数据与城市建成区边界数据进行空间叠置，如图 4-4 所示。

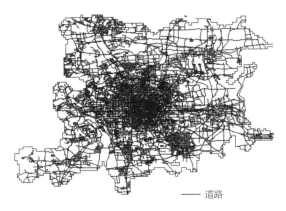

—— 道路

图 4-4　城市道路数据

（图片来源：作者自绘）

其他数据还包括 MODIS 地表温度数据、《中国城市统计年鉴》《中国城市建设统计年鉴》中 2014 年相关统计数据等。

## 4.2　影响模型建构

### 4.2.1　空间回归模型

首先，本书拟采用空间自相关分析模型解析我国城市 $PM_{2.5}$ 浓度的空间分布格局，以判断城市污染浓度是否与地理位置相关，为后文使用空间回归模型解析雾霾污染的影响因素奠定基础。本书采用全局空间自相关系数 Moran's I 指数，反映全国范围上污染区域传输的影响，并使用局部空间自相关系数 LISA 指数，刻画不同地区城市受周边污染影响的差异程度。在计算 Moran's I 与 LISA 指数前，需要定义空间权重矩阵，以度量相邻城市之间的空间依赖关系。本书采用反距离法计算空间权重，即两城市相距越近，两者之间 $PM_{2.5}$ 浓度的空间依赖性越大。

本书将空间回归模型引入雾霾污染的影响因素分析之中，以顾及污染区域传输作用，克服传统 OLS 回归模型未考虑空间相关性的缺陷。本书选用空间回归分析中常用的空间滞后模型（Spatial Lag Model，SLM），如公式 4-1 所示，该模型通过引入 $PM_{2.5}$ 浓度变量的空间滞后形式，将城市 $PM_{2.5}$ 浓度的变化与周边城市 $PM_{2.5}$ 浓度联系在一起，以解释雾霾污染的区域传输作用。

$$y = \rho W_y + \sum a_i X_i \qquad\qquad 公式\ 4\text{-}1$$

上式中，$y$ 表示因变量 $PM_{2.5}$ 浓度；$\rho$ 为空间自回归系数，表征 $PM_{2.5}$ 浓度的空间依赖性，以衡量周边地区污染状况对城市 $PM_{2.5}$ 浓度的影响；$W_y$ 是空间滞后算子，由 $y$ 与空间权重矩阵 $W$ 计算得到；$X_i$ 表征城市空间形态指标及其他社会经济变量，$a_i$ 为对应的回归系数。

### 4.2.2 空间形态指标

本章研究从机动车使用、绿化调节、污染物扩散、热岛效应四方面对城市空间形态指标进行量化。

人口密度、中心度、可达性、紧凑度等指标与居民机动车使用紧密相关[1][2]，是本书重点讨论的形态指标。人口密度指标 PopDen 通过计算各城市建成区域内 LandScan 人口数据的密度获取，以克服传统统计数据以行政区域为分析单元的缺陷。中心度 Center 取值为各城市 LandScan 人口数据标准差与其均值的比值，反映人口在城市建成区的空间聚集程度[3]。该数值越大，表示城市中心的人口聚集效应越强；反之，人口的空间分布较为均质，无明显的城市中心。城市建设用地的形状指数 SHAPE 用于来表征城市紧凑度 Compact，该数值越大，其形状越为紧凑（为了指标表征的一致性，本书对 SHAPE 指数取负值）。例如，圆形内部空间高度压缩，最为紧凑，而狭长形的形状紧凑性最低。道路密度指标 RoadDen 用于表征城市交通出行的可达性，该数据基于 OSM 道路数据计算得到。

城市绿地面积的增加有助于降低污染浓度，但何种绿地空间布局模式能最有效地改善空气质量还有待研究。本书采用景观格局分析中的香农景观多样性指数 SHDI，表征建成区内建设用地、绿地、水系等城镇景观的空间均衡分布情况。该数值越大，不同类型用地的空间混合程度越高，绿地的空间分布越为均衡。本书采用聚集度指标表征建设用地连续度 CONTIG，该数值越大，建设用地越连续，建筑密度越高，对污染扩散的阻碍作用可能越强。

另外，城市热岛效应可能是雾霾污染的推手之一，同时也与城市空间形态紧密相关，因此本书将城市热岛强度指标 UHI 作为探讨的因素之一。本书选取 Terra MODIS 卫星遥感地表温度产品 MOD11A1 以测度各城市热岛强度（观测时段为 2014 年 1 月至 12 月，时间为当地

---

① Zhao P, Lü B, de Roo G. Urban expansion and transportation: the impact of urban form on commuting patterns on the city fringe of Beijing[J]. Environment and planning. A, 2010, 42（10）: 2467-2486.

② 龙瀛，毛其智，杨东峰，等. 城市形态，交通能耗和环境影响集成的多智能体模型[J]. 地理学报，2011, 66（8）: 1033-1044.

③ Ewing R, Pendall R, Chen D. Measuring sprawl and its transportation impacts[J]. Transportation Research Record: Journal of the Transportation Research Board, 2003（1831）: 175-183.

时间上午 10：30，空间分辨率为 1km*1km）。该数据具有全覆盖、长时间观测的优势，已被广泛应用于城市热岛研究。各城市的热岛强度通过计算城市建成区与周边农村地区平均地表温度的差值得到，周边农村地区的范围以城市建成区边界为基准计算其缓冲区，其半径为 $R = \sqrt{\dfrac{S}{2\pi}}$（S 为建成区面积），并除去建设用地部分，如图 4-5 所示。本书采用 ArcGIS 平台计算上述指标，并应用景观格局分析软件 Fragstats 计算紧凑度 Compact、连续度 CONTIG 及景观多样性 SHDI 指标。

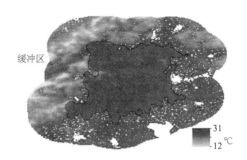

图 4-5　城市地表温度分布

（图片来源：作者自绘）

### 4.2.3　社会经济指标

本章研究在上章研究基础上，增加了更多的控制变量。经济增长、产业结构、工业排放、建筑施工、气象条件等社会经济因子均会对空气质量产生影响 [1][2]。本书选择以下指标作为模型的控制变量：人均 GDP 指标，反映城市经济发展水平；二、三产业比值指标 GDP2_3，反映城市经济结构；集中供热总量指标 Heat，表征因城市冬季采暖产生的污染排放；工业废气排放量指标 Emi，通过计算工业排放二氧化硫与烟尘总量得到；实际利用外资与 GDP 比值指标 FDI，反映城市的经济开放程度；房地产开发投资占 GDP 比值指标 Real，表征房地产开发及建筑施工产生的污染。以上指标均来源于《中国城市统计年鉴》《中国城市建设统计年鉴》2014 年城区统计数据，以排除所辖县或县级市的影响。城市人口总量指标 PopSum，通过建成区范围与 LandScan 人口数据叠加得到。选取平均风速 Wind 与平均气温 Temp 两项指标作为城市气象因子，通过 2014 年中国地面国际交换站气候数据插值计算得到。

## 4.3　结果分析

### 4.3.1　PM$_{2.5}$ 浓度

城市 PM$_{2.5}$ 浓度及各项指标统计结果如表 4-2 所示。雾霾污染最为严重的前五位城市为邢

---

① Bereitschaft B, Debbage K. Urban form, air pollution, and CO$_2$ emissions in large US metropolitan areas[J]. The Professional Geographer, 2013, 65（4）: 612-635.
② Clark L P, Millet D B, Marshall J D. Air quality and urban form in US urban areas: evidence from regulatory monitors[J]. Environmental science & technology, 2011, 45（16）: 7028-7035.

台、石家庄、保定、邯郸及衡水，均位于河北省；空气质量最好的前五位城市为三亚、海口、嘉峪关、玉溪及昆明。全局空间自相关 Moran's I 指数为 0.77（p<0.001），表现出较强的空间自相关性，说明雾霾污染呈空间集聚分布。城市 $PM_{2.5}$ 浓度及局部自相关分析结果如表 4-3 所示，雾霾污染在空间上存在三个高度相关的区域：以京津冀城市群为主的 $PM_{2.5}$ 高浓度集聚区，以福建、广东、广西为主的东南沿海 $PM_{2.5}$ 低浓度集聚区，及云南 $PM_{2.5}$ 低浓度集聚区。上述结果表明，城市雾霾污染程度可能与区域污染传输密切相关，此发现为下文应用空间回归模型提供了依据。

指标统计表                                                                 表 4-2

| 指标名 | 含义 | 极小值 | 极大值 | 均值 | 标准差 | 单位 |
|---|---|---|---|---|---|---|
| $PM_{2.5}$ | $PM_{2.5}$ 浓度 | 22 | 125 | 63 | 17 | μg/m³ |
| PopDen | 人口密度 | 835 | 11071 | 3540 | 1438 | 人/km² |
| Center | 中心度 | 1.04 | 3.62 | 1.91 | 0.47 | |
| RoadDen | 道路密度 | 0.2 | 5.7 | 1.5 | 0.8 | km/km² |
| Compact | 形状紧凑度 | −20.31 | −1.72 | −5.23 | 2.74 | |
| CONTIG | 用地连续度 | 90.22 | 99.52 | 96.13 | 1.45 | |
| SHDI | 景观多样性 | 0.62 | 1.71 | 1.11 | 0.25 | |
| PopSum | 总人口 | 51438 | 21838398 | 1318307 | 2305891 | 人 |
| GDP | 人均 GDP | 10265 | 467749 | 71787 | 54172 | 元/人 |
| Emi | 工业排放 | 1210 | 786853 | 100454 | 90656 | 吨 |
| Heat | 集中供热量 | 0 | 35466 | 1093 | 3195 | 万吉焦 |
| GDP2_3 | 二、三产比值 | 0.23 | 4.24 | 1.25 | 0.62 | |
| Wind | 平均风速 | 9 | 44 | 21 | 5 | 0.1m/s |
| Temp | 平均气温 | −5 | 254 | 151 | 48 | 0.1℃ |
| UHI | 热岛强度 | −1.9 | 4.4 | 1.7 | 1.1 | ℃ |
| FDI | 外资占比 | 0.00% | 18.42% | 2.15% | 2.49% | |
| Real | 房地产占比 | 2.55% | 94.47% | 18.26% | 11.64% | |

（表格来源：作者自绘）

城市 $PM_{2.5}$ 浓度及局部空间自相关分析                                   表 4-3

| 排名 | 城市 | $PM_{2.5}$ | 省份 | 类型 | LMiIndex | LMiPValue | 集聚类型 |
|---|---|---|---|---|---|---|---|
| 1 | 邢台 | 125 | 河北 | 中等城市 | 9.65E-04 | 0.00 | 高高集聚 |
| 2 | 石家庄 | 125 | 河北 | 二型大城市 | 7.36E-04 | 0.00 | 高高集聚 |
| 3 | 保定 | 119 | 河北 | 二型大城市 | 5.34E-04 | 0.00 | 高高集聚 |
| 4 | 邯郸 | 109 | 河北 | 二型大城市 | 8.38E-04 | 0.00 | 高高集聚 |
| 5 | 衡水 | 106 | 河北 | 小城市 | 6.72E-04 | 0.00 | 高高集聚 |
| 6 | 德州 | 101 | 山东 | 中等城市 | 6.19E-04 | 0.00 | 高高集聚 |
| 7 | 菏泽 | 99 | 山东 | 二型大城市 | 6.01E-04 | 0.00 | 高高集聚 |

| 排名 | 城市 | PM<sub>2.5</sub> | 省份 | 类型 | LMiIndex | LMiPValue | 集聚类型 |
|---|---|---|---|---|---|---|---|
| 8 | 廊坊 | 98 | 河北 | 中等城市 | 3.00E-04 | 0.00 | 高高集聚 |
| 9 | 聊城 | 97 | 山东 | 二型大城市 | 5.93E-04 | 0.00 | 高高集聚 |
| 10 | 安阳 | 95 | 河南 | 二型大城市 | 6.25E-04 | 0.00 | 高高集聚 |
| 11 | 沧州 | 94 | 河北 | 中等城市 | 3.91E-04 | 0.00 | 高高集聚 |
| 12 | 唐山 | 93 | 河北 | 一型大城市 | 1.62E-04 | 0.00 | 高高集聚 |
| 13 | 濮阳 | 92 | 河南 | 中等城市 | 5.65E-04 | 0.00 | 高高集聚 |
| 14 | 济南 | 91 | 山东 | 一型大城市 | 4.75E-04 | 0.00 | 高高集聚 |
| 15 | 郑州 | 91 | 河南 | 一型大城市 | 4.26E-04 | 0.00 | 高高集聚 |
| 16 | 鹤壁 | 91 | 河南 | 中等城市 | 5.37E-04 | 0.00 | 高高集聚 |
| 17 | 天津 | 91 | 天津 | 超大城市 | 2.75E-04 | 0.00 | 高高集聚 |
| 18 | 北京 | 90 | 北京 | 超大城市 | 1.69E-04 | 0.00 | 高高集聚 |
| 19 | 宜昌 | 90 | 湖北 | 二型大城市 | 1.05E-04 | 0.00 | 高高集聚 |
| 20 | 平顶山 | 89 | 河南 | 二型大城市 | 3.25E-04 | 0.00 | 高高集聚 |
| 21 | 漯河 | 89 | 河南 | 二型大城市 | 3.52E-04 | 0.00 | 高高集聚 |
| 22 | 济宁 | 89 | 山东 | 二型大城市 | 3.99E-04 | 0.00 | 高高集聚 |
| 23 | 滨州 | 88 | 山东 | 中等城市 | 3.37E-04 | 0.00 | 高高集聚 |
| 24 | 新乡 | 87 | 河南 | 二型大城市 | 4.28E-04 | 0.00 | 高高集聚 |
| 25 | 开封 | 87 | 河南 | 中等城市 | 4.00E-04 | 0.00 | 高高集聚 |
| 26 | 周口 | 87 | 河南 | 中等城市 | 3.15E-04 | 0.00 | 高高集聚 |
| 27 | 襄樊 | 87 | 湖北 | 二型大城市 | 1.38E-04 | 0.00 | 高高集聚 |
| 28 | 荆州 | 87 | 湖北 | 二型大城市 | 1.08E-04 | 0.00 | 高高集聚 |
| 29 | 驻马店 | 87 | 河南 | 中等城市 | 2.59E-04 | 0.00 | 高高集聚 |
| 30 | 临沂 | 87 | 山东 | 二型大城市 | 2.20E-04 | 0.00 | 高高集聚 |
| 31 | 莱芜 | 87 | 山东 | 二型大城市 | 3.39E-04 | 0.00 | 高高集聚 |
| 32 | 许昌 | 86 | 河南 | 小城市 | 3.30E-04 | 0.00 | 高高集聚 |
| 33 | 东营 | 86 | 山东 | 中等城市 | 2.53E-04 | 0.00 | 高高集聚 |
| 34 | 商丘 | 86 | 河南 | 二型大城市 | 3.24E-04 | 0.00 | 高高集聚 |
| 35 | 淄博 | 85 | 山东 | 二型大城市 | 3.09E-04 | 0.00 | 高高集聚 |
| 36 | 南阳 | 85 | 河南 | 二型大城市 | 1.82E-04 | 0.00 | 高高集聚 |
| 37 | 泰安 | 83 | 山东 | 二型大城市 | 3.46E-04 | 0.00 | 高高集聚 |
| 38 | 枣庄 | 82 | 山东 | 二型大城市 | 2.27E-04 | 0.00 | 高高集聚 |
| 39 | 汉中 | 81 | 陕西 | 中等城市 | 1.91E-06 | 0.91 | 不显著 |
| 40 | 运城 | 80 | 山西 | 中等城市 | 1.25E-04 | 0.00 | 高高集聚 |
| 41 | 亳州 | 80 | 安徽 | 二型大城市 | 2.20E-04 | 0.00 | 高高集聚 |
| 42 | 随州 | 80 | 湖北 | 中等城市 | 1.08E-04 | 0.00 | 高高集聚 |

| 排名 | 城市 | PM$_{2.5}$ | 省份 | 类型 | LMiIndex | LMiPValue | 集聚类型 |
|---|---|---|---|---|---|---|---|
| 43 | 荆门 | 79 | 湖北 | 中等城市 | 9.09E-05 | 0.00 | 高高集聚 |
| 44 | 武汉 | 79 | 湖北 | 特大城市 | 7.81E-05 | 0.03 | 高高集聚 |
| 45 | 焦作 | 79 | 河南 | 中等城市 | 2.35E-04 | 0.00 | 高高集聚 |
| 46 | 西安 | 79 | 陕西 | 特大城市 | 6.07E-05 | 0.26 | 不显著 |
| 47 | 三门峡 | 78 | 河南 | 小城市 | 1.19E-04 | 0.00 | 高高集聚 |
| 48 | 徐州 | 78 | 江苏 | 一型大城市 | 1.76E-04 | 0.00 | 高高集聚 |
| 49 | 淮南 | 77 | 安徽 | 二型大城市 | 1.15E-04 | 0.00 | 高高集聚 |
| 50 | 淮北 | 77 | 安徽 | 二型大城市 | 1.69E-04 | 0.00 | 高高集聚 |
| 51 | 阜阳 | 77 | 安徽 | 二型大城市 | 1.39E-04 | 0.00 | 高高集聚 |
| 52 | 洛阳 | 76 | 河南 | 二型大城市 | 1.51E-04 | 0.00 | 高高集聚 |
| 53 | 合肥 | 76 | 安徽 | 一型大城市 | 7.19E-05 | 0.03 | 高高集聚 |
| 54 | 潍坊 | 76 | 山东 | 二型大城市 | 9.58E-05 | 0.00 | 高高集聚 |
| 55 | 信阳 | 76 | 河南 | 二型大城市 | 1.00E-04 | 0.00 | 高高集聚 |
| 56 | 泸州 | 75 | 四川 | 二型大城市 | 2.40E-06 | 0.92 | 不显著 |
| 57 | 渭南 | 75 | 陕西 | 中等城市 | 5.07E-05 | 0.14 | 不显著 |
| 58 | 宿迁 | 75 | 江苏 | 二型大城市 | 9.22E-05 | 0.00 | 高高集聚 |
| 59 | 马鞍山 | 75 | 安徽 | 中等城市 | 4.27E-05 | 0.33 | 不显著 |
| 60 | 成都 | 75 | 四川 | 特大城市 | 9.06E-06 | 0.76 | 不显著 |
| 61 | 常德 | 74 | 湖南 | 二型大城市 | 3.94E-05 | 0.11 | 不显著 |
| 62 | 咸阳 | 74 | 陕西 | 中等城市 | 4.68E-05 | 0.37 | 不显著 |
| 63 | 内江 | 74 | 四川 | 二型大城市 | 1.19E-05 | 0.74 | 不显著 |
| 64 | 株洲 | 74 | 湖南 | 二型大城市 | 4.09E-05 | 0.52 | 不显著 |
| 65 | 蚌埠 | 74 | 安徽 | 中等城市 | 8.70E-05 | 0.01 | 高高集聚 |
| 66 | 鄂州 | 74 | 湖北 | 二型大城市 | 4.21E-05 | 0.35 | 不显著 |
| 67 | 晋城 | 73 | 山西 | 小城市 | 1.41E-04 | 0.00 | 高高集聚 |
| 68 | 怀化 | 73 | 湖南 | 小城市 | 8.57E-06 | 0.58 | 不显著 |
| 69 | 湘潭 | 73 | 湖南 | 中等城市 | 4.30E-05 | 0.50 | 不显著 |
| 70 | 益阳 | 73 | 湖南 | 二型大城市 | 3.29E-05 | 0.27 | 不显著 |
| 71 | 宝鸡 | 73 | 陕西 | 二型大城市 | 9.60E-06 | 0.65 | 不显著 |
| 72 | 淮安 | 73 | 江苏 | 二型大城市 | 5.00E-05 | 0.08 | 不显著 |
| 73 | 长沙 | 72 | 湖南 | 一型大城市 | 3.57E-05 | 0.39 | 不显著 |
| 74 | 百色 | 72 | 广西 | 小城市 | -1.89E-05 | 0.13 | 不显著 |
| 75 | 孝感 | 72 | 湖北 | 中等城市 | 5.36E-05 | 0.08 | 不显著 |
| 76 | 衡阳 | 71 | 湖南 | 二型大城市 | 8.60E-06 | 0.72 | 不显著 |
| 77 | 娄底 | 71 | 湖南 | 小城市 | 2.18E-05 | 0.45 | 不显著 |

| 排名 | 城市 | PM$_{2.5}$ | 省份 | 类型 | LMiIndex | LMiPValue | 集聚类型 |
|------|------|------|------|------|----------|-----------|----------|
| 78 | 日照 | 71 | 山东 | 二型大城市 | 4.79E-05 | 0.05 | 高高集聚 |
| 79 | 六安 | 71 | 安徽 | 二型大城市 | 4.25E-05 | 0.15 | 不显著 |
| 80 | 眉山 | 71 | 四川 | 中等城市 | 9.44E-06 | 0.76 | 不显著 |
| 81 | 南京 | 71 | 江苏 | 特大城市 | 3.44E-05 | 0.43 | 不显著 |
| 82 | 阳泉 | 70 | 山西 | 中等城市 | 8.48E-05 | 0.00 | 高高集聚 |
| 83 | 芜湖 | 70 | 安徽 | 二型大城市 | 2.18E-05 | 0.60 | 不显著 |
| 84 | 安康 | 70 | 陕西 | 二型大城市 | 1.41E-05 | 0.43 | 不显著 |
| 85 | 滁州 | 70 | 安徽 | 中等城市 | 3.52E-05 | 0.35 | 不显著 |
| 86 | 扬州 | 70 | 江苏 | 二型大城市 | 2.93E-05 | 0.59 | 不显著 |
| 87 | 镇江 | 69 | 江苏 | 二型大城市 | 2.77E-05 | 0.61 | 不显著 |
| 88 | 哈尔滨 | 69 | 黑龙江 | 一型大城市 | -7.67E-06 | 0.62 | 不显著 |
| 89 | 连云港 | 69 | 江苏 | 二型大城市 | 3.99E-05 | 0.13 | 不显著 |
| 90 | 池州 | 69 | 安徽 | 中等城市 | 1.13E-05 | 0.77 | 不显著 |
| 91 | 太原 | 69 | 山西 | 一型大城市 | 3.64E-05 | 0.19 | 不显著 |
| 92 | 自贡 | 69 | 四川 | 二型大城市 | 9.16E-06 | 0.80 | 不显著 |
| 93 | 泰州 | 69 | 江苏 | 二型大城市 | 2.06E-05 | 0.62 | 不显著 |
| 94 | 庆阳 | 68 | 甘肃 | 小城市 | -4.71E-07 | 1.00 | 不显著 |
| 95 | 吕梁 | 68 | 山西 | 小城市 | 3.74E-05 | 0.60 | 不显著 |
| 96 | 安庆 | 68 | 安徽 | 中等城市 | 9.81E-06 | 0.77 | 不显著 |
| 97 | 邵阳 | 68 | 湖南 | 中等城市 | 8.03E-06 | 0.74 | 不显著 |
| 98 | 十堰 | 68 | 湖北 | 中等城市 | 2.66E-05 | 0.17 | 不显著 |
| 99 | 铜陵 | 68 | 安徽 | 小城市 | 1.25E-05 | 0.74 | 不显著 |
| 100 | 长治 | 68 | 山西 | 中等城市 | 6.55E-05 | 0.03 | 高高集聚 |
| 101 | 资阳 | 68 | 四川 | 二型大城市 | 6.99E-06 | 0.82 | 不显著 |
| 102 | 张家界 | 68 | 湖南 | 小城市 | 1.18E-05 | 0.50 | 不显著 |
| 103 | 鞍山 | 68 | 辽宁 | 二型大城市 | -6.82E-06 | 0.91 | 不显著 |
| 104 | 晋中 | 68 | 山西 | 中等城市 | 3.71E-05 | 0.61 | 不显著 |
| 105 | 咸宁 | 67 | 湖北 | 中等城市 | 1.41E-05 | 0.63 | 不显著 |
| 106 | 无锡 | 67 | 江苏 | 一型大城市 | 6.54E-06 | 0.88 | 不显著 |
| 107 | 乐山 | 67 | 四川 | 二型大城市 | 5.56E-06 | 0.84 | 不显著 |
| 108 | 乌鲁木齐 | 67 | 新疆 | 二型大城市 | -6.75E-07 | 0.85 | 不显著 |
| 109 | 岳阳 | 67 | 湖南 | 二型大城市 | 1.40E-05 | 0.56 | 不显著 |
| 110 | 沈阳 | 67 | 辽宁 | 特大城市 | -6.46E-06 | 0.88 | 不显著 |
| 111 | 宜宾 | 66 | 四川 | 中等城市 | 2.04E-06 | 0.93 | 不显著 |
| 112 | 天水 | 66 | 甘肃 | 二型大城市 | -2.58E-07 | 1.00 | 不显著 |

| 排名 | 城市 | PM$_{2.5}$ | 省份 | 类型 | LMiIndex | LMiPValue | 集聚类型 |
|---|---|---|---|---|---|---|---|
| 113 | 辽阳 | 66 | 辽宁 | 中等城市 | -3.73E-06 | 0.96 | 不显著 |
| 114 | 铜川 | 66 | 陕西 | 中等城市 | 7.91E-06 | 0.76 | 不显著 |
| 115 | 遂宁 | 65 | 四川 | 二型大城市 | 1.94E-06 | 0.94 | 不显著 |
| 116 | 萍乡 | 65 | 江西 | 中等城市 | 3.25E-06 | 0.90 | 不显著 |
| 117 | 鸡西 | 65 | 黑龙江 | 中等城市 | -5.16E-07 | 0.99 | 不显著 |
| 118 | 常州 | 65 | 江苏 | 一型大城市 | 4.09E-06 | 0.91 | 不显著 |
| 119 | 德阳 | 64 | 四川 | 中等城市 | 1.56E-06 | 0.95 | 不显著 |
| 120 | 苏州 | 64 | 江苏 | 特大城市 | 1.36E-06 | 0.96 | 不显著 |
| 121 | 重庆 | 64 | 重庆 | 特大城市 | 7.88E-07 | 0.96 | 不显著 |
| 122 | 牡丹江 | 64 | 黑龙江 | 中等城市 | -2.51E-07 | 0.99 | 不显著 |
| 123 | 杭州 | 64 | 浙江 | 特大城市 | -1.36E-07 | 0.99 | 不显著 |
| 124 | 黄石 | 63 | 湖北 | 中等城市 | 2.46E-06 | 0.94 | 不显著 |
| 125 | 商洛 | 63 | 陕西 | 中等城市 | 2.03E-06 | 0.92 | 不显著 |
| 126 | 永州 | 63 | 湖南 | 二型大城市 | 2.60E-07 | 0.98 | 不显著 |
| 127 | 秦皇岛 | 63 | 河北 | 二型大城市 | 1.09E-06 | 0.94 | 不显著 |
| 128 | 绍兴 | 63 | 浙江 | 中等城市 | -1.10E-07 | 0.99 | 不显著 |
| 129 | 盐城 | 63 | 江苏 | 二型大城市 | 4.95E-07 | 0.97 | 不显著 |
| 130 | 临汾 | 63 | 山西 | 中等城市 | 3.81E-07 | 0.97 | 不显著 |
| 131 | 湖州 | 63 | 浙江 | 二型大城市 | -1.32E-07 | 0.99 | 不显著 |
| 132 | 白山 | 62 | 吉林 | 中等城市 | 7.45E-07 | 0.97 | 不显著 |
| 133 | 桂林 | 62 | 广西 | 中等城市 | 9.30E-07 | 0.94 | 不显著 |
| 134 | 南充 | 62 | 四川 | 二型大城市 | -4.32E-07 | 1.00 | 不显著 |
| 135 | 西宁 | 62 | 青海 | 二型大城市 | 8.07E-07 | 0.94 | 不显著 |
| 136 | 七台河 | 62 | 黑龙江 | 中等城市 | 1.78E-07 | 0.99 | 不显著 |
| 137 | 青岛 | 61 | 山东 | 一型大城市 | -6.45E-06 | 0.76 | 不显著 |
| 138 | 嘉兴 | 61 | 浙江 | 二型大城市 | -2.19E-07 | 0.99 | 不显著 |
| 139 | 铁岭 | 61 | 辽宁 | 小城市 | 1.88E-06 | 0.94 | 不显著 |
| 140 | 吉安 | 61 | 江西 | 中等城市 | 2.13E-06 | 0.91 | 不显著 |
| 141 | 平凉 | 61 | 甘肃 | 小城市 | 4.46E-07 | 0.97 | 不显著 |
| 142 | 锦州 | 61 | 辽宁 | 二型大城市 | 2.74E-06 | 0.92 | 不显著 |
| 143 | 长春 | 60 | 吉林 | 一型大城市 | 2.59E-06 | 0.89 | 不显著 |
| 144 | 盘锦 | 60 | 辽宁 | 中等城市 | 2.80E-06 | 0.92 | 不显著 |
| 145 | 绵阳 | 60 | 四川 | 二型大城市 | -1.83E-06 | 0.96 | 不显著 |
| 146 | 金华 | 60 | 浙江 | 二型大城市 | 5.63E-06 | 0.83 | 不显著 |
| 147 | 宣城 | 60 | 安徽 | 中等城市 | -6.04E-06 | 0.89 | 不显著 |

| 排名 | 城市 | PM$_{2.5}$ | 省份 | 类型 | LMiIndex | LMiPValue | 集聚类型 |
|------|------|------|------|------|----------|-----------|----------|
| 148 | 吉林 | 60 | 吉林 | 二型大城市 | 2.16E-06 | 0.89 | 不显著 |
| 149 | 双鸭山 | 60 | 黑龙江 | 中等城市 | 1.43E-06 | 0.94 | 不显著 |
| 150 | 南通 | 59 | 江苏 | 二型大城市 | -5.84E-06 | 0.87 | 不显著 |
| 151 | 忻州 | 59 | 山西 | 中等城市 | -1.89E-05 | 0.48 | 不显著 |
| 152 | 佳木斯 | 59 | 黑龙江 | 中等城市 | 2.37E-06 | 0.92 | 不显著 |
| 153 | 武威 | 59 | 甘肃 | 二型大城市 | 6.83E-06 | 0.68 | 不显著 |
| 154 | 新余 | 59 | 江西 | 中等城市 | 4.25E-07 | 0.97 | 不显著 |
| 155 | 抚顺 | 59 | 辽宁 | 二型大城市 | 4.10E-06 | 0.90 | 不显著 |
| 156 | 辽源 | 59 | 吉林 | 小城市 | 4.75E-06 | 0.84 | 不显著 |
| 157 | 固原 | 59 | 宁夏 | 小城市 | 2.97E-06 | 0.89 | 不显著 |
| 158 | 通辽 | 58 | 内蒙古 | 中等城市 | 4.47E-06 | 0.76 | 不显著 |
| 159 | 阜新 | 58 | 辽宁 | 中等城市 | 5.96E-06 | 0.79 | 不显著 |
| 160 | 衢州 | 58 | 浙江 | 中等城市 | 1.14E-05 | 0.67 | 不显著 |
| 161 | 白银 | 58 | 甘肃 | 小城市 | 7.96E-06 | 0.70 | 不显著 |
| 162 | 兰州 | 58 | 甘肃 | 二型大城市 | 7.20E-06 | 0.72 | 不显著 |
| 163 | 达州 | 58 | 四川 | 小城市 | -2.81E-06 | 0.90 | 不显著 |
| 164 | 广安 | 58 | 四川 | 二型大城市 | -4.27E-06 | 0.89 | 不显著 |
| 165 | 广元 | 57 | 四川 | 中等城市 | -2.15E-06 | 0.93 | 不显著 |
| 166 | 郴州 | 57 | 湖南 | 中等城市 | 8.76E-06 | 0.66 | 不显著 |
| 167 | 白城 | 57 | 吉林 | 中等城市 | 5.47E-06 | 0.65 | 不显著 |
| 168 | 葫芦岛 | 57 | 辽宁 | 中等城市 | -8.74E-07 | 0.99 | 不显著 |
| 169 | 四平 | 57 | 吉林 | 中等城市 | 6.25E-06 | 0.79 | 不显著 |
| 170 | 柳州 | 57 | 广西 | 二型大城市 | 1.90E-05 | 0.39 | 不显著 |
| 171 | 张掖 | 56 | 甘肃 | 中等城市 | 9.41E-06 | 0.41 | 不显著 |
| 172 | 遵义 | 56 | 贵州 | 二型大城市 | 3.81E-06 | 0.79 | 不显著 |
| 173 | 鹰潭 | 56 | 江西 | 小城市 | 1.68E-05 | 0.48 | 不显著 |
| 174 | 上饶 | 56 | 江西 | 小城市 | 1.76E-05 | 0.47 | 不显著 |
| 175 | 河池 | 56 | 广西 | 小城市 | 1.18E-05 | 0.44 | 不显著 |
| 176 | 贺州 | 55 | 广西 | 二型大城市 | 3.38E-05 | 0.11 | 不显著 |
| 177 | 上海 | 55 | 上海 | 超大城市 | -2.78E-06 | 0.94 | 不显著 |
| 178 | 本溪 | 55 | 辽宁 | 二型大城市 | 6.14E-06 | 0.86 | 不显著 |
| 179 | 烟台 | 55 | 山东 | 二型大城市 | -6.08E-06 | 0.77 | 不显著 |
| 180 | 宜春 | 55 | 江西 | 二型大城市 | 6.00E-06 | 0.82 | 不显著 |
| 181 | 大连 | 55 | 辽宁 | 一型大城市 | -3.19E-06 | 0.85 | 不显著 |
| 182 | 南昌 | 55 | 江西 | 二型大城市 | 6.94E-06 | 0.79 | 不显著 |

| 排名 | 城市 | PM$_{2.5}$ | 省份 | 类型 | LMiIndex | LMiPValue | 集聚类型 |
|------|------|------|------|------|----------|-----------|----------|
| 183 | 温州 | 54 | 浙江 | 一型大城市 | 2.06E-05 | 0.26 | 不显著 |
| 184 | 巴中 | 54 | 四川 | 二型大城市 | -6.06E-06 | 0.80 | 不显著 |
| 185 | 九江 | 54 | 江西 | 中等城市 | -1.25E-05 | 0.65 | 不显著 |
| 186 | 朝阳 | 54 | 辽宁 | 中等城市 | 8.01E-06 | 0.73 | 不显著 |
| 187 | 黄山 | 53 | 安徽 | 小城市 | 2.49E-06 | 0.91 | 不显著 |
| 188 | 宁波 | 53 | 浙江 | 一型大城市 | 2.07E-06 | 0.91 | 不显著 |
| 189 | 松原 | 53 | 吉林 | 中等城市 | 8.14E-06 | 0.60 | 不显著 |
| 190 | 来宾 | 53 | 广西 | 二型大城市 | 3.91E-05 | 0.11 | 不显著 |
| 191 | 鹤岗 | 53 | 黑龙江 | 中等城市 | 2.25E-06 | 0.91 | 不显著 |
| 192 | 赣州 | 52 | 江西 | 中等城市 | 3.21E-05 | 0.09 | 不显著 |
| 193 | 通化 | 52 | 吉林 | 小城市 | 7.59E-06 | 0.78 | 不显著 |
| 194 | 安顺 | 52 | 贵州 | 中等城市 | 2.50E-05 | 0.18 | 不显著 |
| 195 | 定西 | 52 | 甘肃 | 小城市 | 2.95E-06 | 0.86 | 不显著 |
| 196 | 景德镇 | 51 | 江西 | 小城市 | 8.91E-06 | 0.72 | 不显著 |
| 197 | 肇庆 | 50 | 广东 | 中等城市 | 1.24E-04 | 0.01 | 低低集聚 |
| 198 | 石嘴山 | 50 | 宁夏 | 小城市 | 3.72E-05 | 0.07 | 不显著 |
| 199 | 南宁 | 49 | 广西 | 一型大城市 | 4.66E-05 | 0.02 | 低低集聚 |
| 200 | 威海 | 49 | 山东 | 中等城市 | -5.58E-06 | 0.77 | 不显著 |
| 201 | 清远 | 49 | 广东 | 中等城市 | 1.16E-04 | 0.00 | 低低集聚 |
| 202 | 佛山 | 49 | 广东 | 一型大城市 | 1.58E-04 | 0.00 | 低低集聚 |
| 203 | 丽水 | 49 | 浙江 | 小城市 | 2.98E-05 | 0.22 | 不显著 |
| 204 | 韶关 | 48 | 广东 | 中等城市 | 6.53E-05 | 0.00 | 低低集聚 |
| 205 | 丹东 | 48 | 辽宁 | 中等城市 | 9.25E-06 | 0.58 | 不显著 |
| 206 | 银川 | 48 | 宁夏 | 二型大城市 | 4.94E-05 | 0.06 | 不显著 |
| 207 | 延安 | 48 | 山西 | 小城市 | -1.46E-05 | 0.44 | 不显著 |
| 208 | 克拉玛依 | 48 | 新疆 | 小城市 | -6.75E-07 | 0.85 | 不显著 |
| 209 | 广州 | 47 | 广东 | 超大城市 | 1.59E-04 | 0.00 | 低低集聚 |
| 210 | 包头 | 47 | 内蒙古 | 二型大城市 | 4.08E-05 | 0.01 | 低低集聚 |
| 211 | 潮州 | 47 | 广东 | 小城市 | 1.47E-04 | 0.02 | 低低集聚 |
| 212 | 呼伦贝尔 | 47 | 内蒙古 | 小城市 | 2.77E-06 | 0.31 | 不显著 |
| 213 | 梧州 | 47 | 广西 | 中等城市 | 1.03E-04 | 0.00 | 低低集聚 |
| 214 | 南平 | 47 | 福建 | 小城市 | 7.94E-05 | 0.00 | 低低集聚 |
| 215 | 吴忠 | 47 | 宁夏 | 小城市 | 4.89E-05 | 0.06 | 不显著 |
| 216 | 贵港 | 47 | 广西 | 二型大城市 | 7.80E-05 | 0.00 | 低低集聚 |
| 217 | 贵阳 | 47 | 贵州 | 一型大城市 | 2.13E-05 | 0.23 | 不显著 |

| 排名 | 城市 | PM$_{2.5}$ | 省份 | 类型 | LMiIndex | LMiPValue | 集聚类型 |
|---|---|---|---|---|---|---|---|
| 218 | 东莞 | 47 | 广东 | 特大城市 | 1.72E-04 | 0.00 | 低低集聚 |
| 219 | 江门 | 46 | 广东 | 二型大城市 | 1.79E-04 | 0.00 | 低低集聚 |
| 220 | 宁德 | 46 | 福建 | 小城市 | 6.59E-05 | 0.00 | 低低集聚 |
| 221 | 揭阳 | 46 | 广东 | 中等城市 | 1.45E-04 | 0.00 | 低低集聚 |
| 222 | 大庆 | 46 | 黑龙江 | 二型大城市 | 1.26E-05 | 0.35 | 不显著 |
| 223 | 大同 | 46 | 山西 | 二型大城市 | -2.22E-05 | 0.23 | 不显著 |
| 224 | 河源 | 46 | 广东 | 小城市 | 1.18E-04 | 0.00 | 低低集聚 |
| 225 | 榆林 | 46 | 陕西 | 中等城市 | 3.65E-05 | 0.02 | 低低集聚 |
| 226 | 龙岩 | 46 | 福建 | 小城市 | 9.44E-05 | 0.00 | 低低集聚 |
| 227 | 云浮 | 46 | 广东 | 小城市 | 1.31E-04 | 0.00 | 低低集聚 |
| 228 | 陇南 | 45 | 甘肃 | 中等城市 | -7.13E-06 | 0.69 | 不显著 |
| 229 | 汕头 | 45 | 广东 | 二型大城市 | 1.47E-04 | 0.01 | 低低集聚 |
| 230 | 中山 | 45 | 广东 | 二型大城市 | 2.10E-04 | 0.00 | 低低集聚 |
| 231 | 呼和浩特 | 44 | 内蒙古 | 二型大城市 | 4.26E-05 | 0.00 | 低低集聚 |
| 232 | 漳州 | 44 | 福建 | 中等城市 | 1.24E-04 | 0.00 | 低低集聚 |
| 233 | 中卫 | 44 | 宁夏 | 小城市 | 4.20E-05 | 0.05 | 低低集聚 |
| 234 | 赤峰 | 44 | 内蒙古 | 二型大城市 | -1.37E-07 | 1.00 | 不显著 |
| 235 | 齐齐哈尔 | 44 | 黑龙江 | 二型大城市 | 1.43E-05 | 0.20 | 不显著 |
| 236 | 朔州 | 44 | 山西 | 中等城市 | -3.02E-05 | 0.13 | 不显著 |
| 237 | 张家口 | 43 | 河北 | 中等城市 | -5.05E-05 | 0.00 | 低高集聚 |
| 238 | 三明 | 43 | 福建 | 小城市 | 1.02E-04 | 0.00 | 低低集聚 |
| 239 | 酒泉 | 43 | 甘肃 | 小城市 | 1.13E-04 | 0.03 | 低低集聚 |
| 240 | 钦州 | 43 | 广西 | 二型大城市 | 1.21E-04 | 0.00 | 低低集聚 |
| 241 | 惠州 | 43 | 广东 | 二型大城市 | 1.68E-04 | 0.00 | 低低集聚 |
| 242 | 厦门 | 42 | 福建 | 一型大城市 | 1.42E-04 | 0.00 | 低低集聚 |
| 243 | 金昌 | 41 | 甘肃 | 小城市 | 3.35E-05 | 0.05 | 低低集聚 |
| 244 | 六盘水 | 41 | 贵州 | 小城市 | 5.02E-05 | 0.00 | 低低集聚 |
| 245 | 深圳 | 41 | 广东 | 超大城市 | 2.00E-04 | 0.00 | 低低集聚 |
| 246 | 梅州 | 41 | 广东 | 小城市 | 1.41E-04 | 0.00 | 低低集聚 |
| 247 | 丽江 | 41 | 云南 | 小城市 | 3.74E-05 | 0.00 | 低低集聚 |
| 248 | 攀枝花 | 41 | 四川 | 中等城市 | 6.47E-05 | 0.00 | 低低集聚 |
| 249 | 泉州 | 40 | 福建 | 二型大城市 | 1.29E-04 | 0.00 | 低低集聚 |
| 250 | 昭通 | 39 | 云南 | 中等城市 | 3.85E-05 | 0.01 | 低低集聚 |
| 251 | 茂名 | 39 | 广东 | 二型大城市 | 1.61E-04 | 0.00 | 低低集聚 |
| 252 | 珠海 | 39 | 广东 | 二型大城市 | 2.17E-04 | 0.00 | 低低集聚 |

| 排名 | 城市 | PM$_{2.5}$ | 省份 | 类型 | LMiIndex | LMiPValue | 集聚类型 |
|---|---|---|---|---|---|---|---|
| 253 | 莆田 | 38 | 福建 | 二型大城市 | 1.24E-04 | 0.00 | 低低集聚 |
| 254 | 巴彦淖尔 | 38 | 内蒙古 | 中等城市 | 3.72E-05 | 0.00 | 低低集聚 |
| 255 | 阳江 | 38 | 广东 | 中等城市 | 1.70E-04 | 0.00 | 低低集聚 |
| 256 | 保山 | 37 | 云南 | 中等城市 | 5.06E-05 | 0.00 | 低低集聚 |
| 257 | 福州 | 36 | 福建 | 二型大城市 | 1.17E-04 | 0.00 | 低低集聚 |
| 258 | 普洱 | 36 | 云南 | 小城市 | 4.36E-05 | 0.00 | 低低集聚 |
| 259 | 防城港 | 36 | 广西 | 中等城市 | 1.36E-04 | 0.00 | 低低集聚 |
| 260 | 北海 | 35 | 广西 | 中等城市 | 1.51E-04 | 0.00 | 低低集聚 |
| 261 | 曲靖 | 35 | 云南 | 中等城市 | 7.78E-05 | 0.00 | 低低集聚 |
| 262 | 湛江 | 35 | 广东 | 二型大城市 | 1.71E-04 | 0.00 | 低低集聚 |
| 263 | 临沧 | 34 | 云南 | 小城市 | 6.40E-05 | 0.00 | 低低集聚 |
| 264 | 鄂尔多斯 | 34 | 内蒙古 | 小城市 | 6.57E-05 | 0.00 | 低低集聚 |
| 265 | 昆明 | 33 | 云南 | 一型大城市 | 1.23E-04 | 0.00 | 低低集聚 |
| 266 | 玉溪 | 32 | 云南 | 小城市 | 1.01E-04 | 0.00 | 低低集聚 |
| 267 | 嘉峪关 | 31 | 甘肃 | 小城市 | 1.17E-04 | 0.02 | 低低集聚 |
| 268 | 海口 | 28 | 海南 | 二型大城市 | 1.10E-04 | 0.00 | 低低集聚 |
| 269 | 三亚 | 22 | 海南 | 中等城市 | 4.33E-05 | 0.00 | 低低集聚 |

（表格来源：作者自绘）

## 4.3.2 模型计算结果

本章研究利用 GeoDa 空间计量软件，进行空间回归模型的构建与计算，采用逐步回归的方式探索各类指标对 PM$_{2.5}$ 浓度的影响作用，计算结果如表 4-4 所示。模型 1 包括所有的城市空间形态指标，并未加入其他控制变量；模型 2 与 3 仅考虑了控制变量，检验不同社会经济要素与 PM$_{2.5}$ 浓度的相关性；模型 4 与 5 在模型 1 的基础上加入了控制变量，以提高回归模型拟合程度。此外，模型 6 ~ 10 在模型 1 ~ 5 计算结果的基础上，加入了某些变量的二次项或交互项，计算结果如表 4-5 所示。空间回归模型的对样本数据的拟合程度主要通过对数似然值（Log likelihood，LL）、赤迟信息准则值（Akaike Info Criterion，AIC）、施瓦茨准则值（Schwarz Criterion，SC）来反映，LL 值越高，AIC 与 SC 值越低，模型的拟合效果越好，而传统 OLS 回归模型使用的决定系数 R$^2$ 并不适合于本模型。

为了验证空间回归模型的合理性，本书以拟合结果较好的模型 5 为参照，选取相同的变量带入 OLS 回归模型进行计算，对模型的拟合程度及残差的空间自相关性进行分析，如表 4-6 所示。LL、AIC 及 SC 指标均表明，空间回归模型的拟合程度优于传统 OLS 模型。残差的 Moran's I 指数高度显著，意味着传统回归模型在分析 PM$_{2.5}$ 浓度影响因素时无法解决空间自相关问题，会对回归系数的显著性、大小及方向造成干扰。本书通过拉格朗日乘数指标（Lagrange Multiplier）来检验空间回归模型的适用性，该指数高度显著，表明空间滞后模型满足该样本数据的分析需求。在模型 1 ~ 10 中，空间自回归系数 $\rho$ 均显著为正，说明 $PM_{2.5}$ 浓度空间滞后 $\rho Wy$ 有着显著作用，即城市 $PM_{2.5}$ 浓度会受周边城市影响，存在污染区域传输效应。空间滞后模型能够排除污染区域传输的干扰，便于准确分析城市空间形态及社会经济指标对 $PM_{2.5}$ 浓度的影响。

空间回归模型计算结果　　　　　　　　　　　　　　表 4-4

| 变量 | 模型 1 | 模型 2 | 模型 3 | 模型 4 | 模型 5 |
|---|---|---|---|---|---|
| $\rho$ | 0.883（0） | 0.914（0） | 0.915（0） | 0.872（0） | 0.873（0） |
| PopDen | 7.44E-04<br>（0.0904） | | | 2.62E-04<br>（0.5373） | |
| Center | −2.62<br>（0.0545） | | | −2.44<br>（0.0604） | −2.70<br>（0.0287） |
| RoadDen | 0.509<br>（0.4863） | | | 1.43<br>（0.0498） | 1.41<br>（0.048） |
| Compact | −0.496<br>（0.0304） | | | −0.544<br>（0.0361） | −0.508<br>（0.0349） |
| CONTIG | 0.387<br>（0.3561） | | | 0.69<br>（0.0972） | 0.718<br>（0.076） |
| SHDI | −7.85<br>（0.0022） | | | −7.37<br>（0.0028） | −6.90<br>（0.0037） |
| PopSum | | 3.26E-07<br>（0.3227） | 3.32E-07<br>（0.313） | −2.41E-07<br>（0.4887） | |
| GDP | | −3.21E-05<br>（0.0134） | −3.31E-05<br>（0.0095） | −2.66E-05<br>（0.0441） | −3.04E-05<br>（0.0134） |
| Emi | | 1.44E-05<br>（0.0226） | 1.45E-05<br>（0.0218） | 1.08E-05<br>（0.0819） | 1.04E-05<br>（0.0916） |
| Heat | | 3.49E-04<br>（0.0867） | 3.57E-04<br>（0.0798） | 3.55E-04<br>（0.0694） | 3.09E-04<br>（0.0954） |
| GDP2_3 | | 1.88<br>（0.0549） | 1.68<br>（0.0754） | 2.28<br>（0.0127） | 2.39<br>（0.008） |
| Wind | | −0.293<br>（0.0139） | −0.279<br>（0.0165） | −0.274<br>（0.0172） | −0.278<br>（0.0142） |
| Temp | | 5.06E-03<br>（0.7158） | 7.43E-03<br>（0.5854） | 1.99E-02<br>（0.1466） | 1.89E-02<br>（0.1628） |
| UHI | | 2.08<br>（0.0001） | 2.10<br>（0） | 2.10<br>（0） | 2.09<br>（0） |
| FDI | | 7.95<br>（0.7397） | | | |
| Real | | 3.58<br>（0.4903） | | | |
| $R^2$ | 0.73 | 0.74 | 0.74 | 0.77 | 0.77 |

| 变量 | 模型 1 | 模型 2 | 模型 3 | 模型 4 | 模型 5 |
|------|--------|--------|--------|--------|--------|
| LL | −989.37 | −982.81 | −983.179 | −967.791 | −968.178 |
| AIC | 1994.74 | 1989.62 | 1986.36 | 1967.58 | 1964.36 |
| SC | 2023.5 | 2032.76 | 2022.3 | 2025.1 | 2014.68 |

（表格来源：作者自绘）

空间回归模型计算结果（加二次项或交互项） 表4-5

| 变量 | 模型 6 | 模型 7 | 模型 8 | 模型 9 | 模型 10 |
|------|--------|--------|--------|--------|---------|
| $\rho$ | 0.870<br>（0） | 0.872<br>（0） | 0.874<br>（0） | 0.870<br>（0） | 0.868<br>（0） |
| Center | −3.00<br>（0.0148） | −2.85<br>（0.0238） | −3.86<br>（0.0028） | −2.62<br>（0.034） | −2.75<br>（0.0248） |
| RoadDen | 1.49<br>（0.036） | 1.36<br>（0.0575） | 1.45<br>（0.0427） | 0.71<br>（0.0262） | 1.50<br>（0.0355） |
| Compact | −0.535<br>（0.0253） | −0.500<br>（0.0383） | | −0.515<br>（0.0342） | −0.766<br>（0.0053） |
| CONTIG | 0.962<br>（0.0217） | 0.7236<br>（0.0738） | 0.671<br>（0.0982） | 0.590<br>（0.0753） | 0.825<br>（0.0424） |
| SHDI | 1.83<br>（0.7056） | −7.05<br>（0.0031） | −6.98<br>（0.0033） | −6.44<br>（0.0067） | −7.22<br>（0.0023） |
| GDP | −3.20E-05<br>（0.0089） | −1.61E-05<br>（0.5603） | −2.86E-05<br>（0.0198） | −2.92E-05<br>（0.0178） | −2.59E-05<br>（0.0375） |
| Emi | 1.08E-05<br>（0.0772） | 9.58E-06<br>（0.13） | 1.09E-05<br>（0.077） | 9.58E-06<br>（0.1210） | 1.06E-05<br>（0.0827） |
| Heat | 3.43E-04<br>（0.0637） | 2.93E-04<br>（0.1203） | 3.23E-04<br>（0.0816） | 1.96E-04<br>（0.2729） | 3.59E-04<br>（0.0538） |
| GDP2_3 | 2.39<br>（0.0075） | 2.27<br>（0.0134） | 2.37<br>（0.0087） | 2.32<br>（0.0101） | 2.22<br>（0.0137） |
| Wind | −0.268<br>（0.0172） | −0.289<br>（0.0117） | −0.278<br>（0.0143） | −0.339<br>（0.0010） | −0.290<br>（0.0101） |
| Temp | 1.47E-02<br>（0.278） | 1.81E-02<br>（0.1827） | 1.92E-02<br>（0.1556） | 1.91E-02<br>（0.1629） | 2.15E-02<br>（0.1106） |
| UHI | 1.83<br>（0.0003） | 2.08<br>（0） | 2.11<br>（0） | 2.21<br>（0） | 2.08<br>（0） |
| SHDI*CONTIG | −0.184<br>（0.0385） | | | | |
| GDP*GDP | | −4.28E-11<br>（0.561） | | | |
| Center*Compact | | | −0.216<br>（0.0792） | | |

| 变量 | 模型 6 | 模型 7 | 模型 8 | 模型 9 | 模型 10 |
|---|---|---|---|---|---|
| RoadDen*RoadDen | | | | −0.02 （0.0862） | |
| Compact*PopSum | | | | | 4.11E-08 （0.0584） |
| $R^2$ | 0.77 | 0.77 | 0.76 | 0.76 | 0.77 |
| LL | −966.046 | −968.01 | −968.85 | −968.76 | −966.402 |
| AIC | 1962.09 | 1966.02 | 1965.7 | 1965.52 | 1962.8 |
| SC | 2016.01 | 2019.94 | 2016.02 | 2015.85 | 2016.72 |

（表格来源：作者自绘）

OLS 模型残差的空间自相关诊断　　　　　　　　　　　表 4-6

| 指标 | MI/DF | p |
|---|---|---|
| $R^2$ | 0.35 | |
| LL | −1085.9 | |
| AIC | 2197.79 | |
| SC | 2244.53 | |
| Moran's I（error） | 0.3964 | （0） |
| Lagrange Multiplier（lag） | 1 | （0） |
| Robust LM（lag） | 1 | （0） |

（表格来源：作者自绘）

### 4.3.3　空间形态影响

在模型 1 中，人口密度 PopDen 系数显著为正，而在模型控制了人口总量之后（模型 4），该系数变得不再显著，表明人口规模会对人口密度的作用效果产生影响。与大多西方发达国家不同，中国城市的人口密度已达到较高的水平[①]。对于大城市而言，过高的人口密度可能产生过度集聚，使道路等基础设施难以支撑，带来更大环境压力。例如，城市中心人口密度过高易造成交通拥堵，而发动机在怠速状况下会产生更多污染物排放到空气中。适当降低大城市人口密度，将有助于缓解交通堵塞，改善空气质量。而对于一些中小城市而言，城市密度的下降可能导致职住分离问题，会增长通勤距离及私家车数量，同时使电网、热网等基础设施能耗增多，从而会带来更多的机动车尾气及工业废气排放。因此，人口密度正负两方面的影响可能是其在模型中并不显著的原因。

在模型 2 ~ 4 中，城市人口总量 PopSum 系数不显著，说明 $PM_{2.5}$ 浓度与城市人口规模并没有必然的联系。虽然城市人口规模的增加会带来一定的生态环境压力，但不良的城市空间形态可能才是造成环境污染的罪魁祸首。同时也说明，雾霾污染并非只在大城市发生，一些

---

① Huang J, Lu X X, Sellers J M. A global comparative analysis of urban form: Applying spatial metrics and remote sensing[J]. Landscape and urban planning, 2007, 82（4）: 184-197.

中小城市也呈现出较高的PM$_{2.5}$浓度，中小城市的空气污染问题需要引起今后更多的重视。

城市中心度Center系数与PM$_{2.5}$浓度呈显著负相关，说明中心度的提升有助于缓减雾霾污染。该指数与城市人口空间分布密切相关，因而会对交通流向、出行方式、通勤距离、通勤时间及尾气排放产生影响。至于城市应选择单中心还是多中心的空间结构，将在下文中通过分析中心度与紧凑度的交互作用进行讨论。

形状紧凑度Compact均与PM$_{2.5}$浓度呈负相关关系，表明其对改善空气质量有正向作用。紧凑的城市形态有助于缩短出行距离，降低居民对机动车的依赖性，减少机动车尾气及道路扬尘。另外，紧凑的城市形态有助于工业企业的集中布局，不但能提高工业生产中的能源利用效率，而且有利于环保设施的布局、建设及运营，降低工业污染排放。模型10加入了紧凑度与人口规模的交互项Compact*PopSum，其回归系数显著为正，说明当人口规模增大时，紧凑度系数的绝对值会减小（其系数为 −0.766+4.11E−08*PopSum）。因此，城市规模越小，紧凑度对改善空气质量的作用越大；随着城市规模增大，紧凑度的作用效果逐渐削弱。此外，模型8中紧凑度与中心度的交互项Center*Compact显著为负，即随着紧凑度增大，中心度Center系数的绝对值越大（其系数为 -3.86-0.216*Compact，Compact值均为负）。这说明在一些紧凑度较高的中小城市，人口集聚的程度对空气污染的影响更加显著。综合这两类交互项的分析结果发现，紧凑度及中心度的影响作用会随城市规模而变化。对于中小城市，应提升城市空间的紧凑性，建立单中心结构，以方便公共交通系统的布设及运行，减少机动车出行及污染。对于大城市而言，应建立多中心的城市结构，将主中心的人口向副中心疏解，以提高职住平衡、缩短通勤距离、分担中心区的交通压力，实现降低机动车污染的目的，而城市整体的形状紧凑性并不重要。

连续度CONTIG系数大体上显著为正，表明城市建设用地（除绿地外）在空间上越连续，雾霾污染越严重。此结果与一些欧美国家研究结论相反，低连续度往往对应着欧美城市"蛙跳式"的城市空间增长模式，会导致居民对机动车的高度依赖性，增长通勤距离。相比而言，中国城市人口密度远高于欧美城市，较高的建设用地连续度意味着更高的建筑密度，可能影响到空气污染物的扩散过程，反而提升污染浓度。景观多样性指数SHDI在多个模型中显著为负，表明均衡的绿地和开放空间布局模式有助于净化空气和吸收颗粒物，以降低PM$_{2.5}$浓度。模型6中景观多样性与连续度的交互项SHDI*CONTIG显著为负，即随着城市景观格局趋于多样化，建设用地连续度对空气质量的负面影响逐步降低（0.962-0.184*SHDI），说明了绿地和开放空间的均衡布局有利于污染物的扩散，可能形成驱散雾霾的城市通风廊道。

道路密度RoadDen系数在模型4 ~ 10中均显著为正，但其二次项系数在模型9中显著为负，说明道路密度与空气污染可能存在"倒U型"关系，而我国城市还处于拐点的左侧。我国城市往往大多为"大街区、疏路网"的空间格局，道路密度的增加提高了机动车的可达性，可能诱发更多的小汽车出行，增加机动车污染。而道路密度在经过"倒U型"曲线的拐点后，仍有可能降低空气污染，即"小街区、密路网"的规划布局模式或许有助于改善空气质量。"小街区、密路网"模式有利于提高步行及自行车的可达性，减少公交线路重复系数，提高公共交通覆盖率，提升道路利用率，为交通流提供更多的机动和疏散机会，从而减少机动车污染来源。

城市热岛强度UHI系数均显著为正，表明城市热岛确实会助推雾霾天气的形成。热岛效应会导致城市气温升高、空气密度下降、风速减慢，不仅使城市中的空气污染物难以扩散，还令周边农村地区的污染物进一步向城市聚集，导致雾霾污染的加剧[1]。同时，城市热岛强度与多个城市空间形态指标紧密相关，例如建筑密度、用地连续度的增加会增强热岛强度，而绿地水系则会缓减热岛强度[2]。另外，雾霾颗粒又会保存热量，提升城市热岛强度，两者之间形成恶性循环[3]。

### 4.3.4 社会经济影响

其他社会经济变量对 $PM_{2.5}$ 浓度显现出不同的影响作用。人均 GDP 指数大体显著为负，其二次项系数为负但并不显著（模型 7），说明我国现阶段经济增长与环境污染间并未呈库兹涅茨"倒 U 形"曲线关系，或者已过其拐点，空气质量随着经济增长逐步改善。在经济发展水平较高的城市中，政府对空气污染治理的意识较强高，环保要求及财政投入更高，高污染汽车比例较少，清洁能源汽车不断增加，这些均对改善空气质量起到一定的作用。工业排放 Emi 及二三产比值 GDP2_3 大多显著为正，说明工业生产仍然是我国治理空气污染的重要环节，尤其是高污染、高能耗的工业产业对空气质量的影响更为严重。城市集中供热量 Heat 的系数大多显著为正，说明生活燃煤造成的空气污染仍不可忽略，北方供暖区城市还需推进清洁的供暖模式。在气象条件中，平均风速 Wind 系数全部显著为负，较高的风速有助于雾霾的扩散；而通常认为会对污染水平起作用的平均气温 Temp 在模型并不显著，主要作为控制变量。实际利用外资占比 FDI 系数并不显著，说明经济开放并未将国外污染较重的工业产业或生产环节转入国内，造成空气污染；同时，来自发达国家的技术引进对我国工业污染的遏制作用也并不明显。建筑业往往是产生雾霾污染的来源之一，然而房地产占比 Real 系数却并不显著，这与当年房地产库存量较大、开发商利润下滑、土地销售下降有关，导致房地产投资未对空气质量产生较大影响。

## 4.4 结论与讨论

本章在上章研究基础上进行了深入，扩大了样本数量，采用空间回归模型，优化了指标体系，并提高了空间数据的精度，发现了一些不同的结论：第一，城市 $PM_{2.5}$ 浓度存在着明显的空间自相关性，污染区域传输是雾霾污染的重要来源；第二，多类指标的回归结果表明，城市空间形态会通过机动车使用、绿化调节、污染物扩散、热岛效应等方式影响雾霾的产生或扩散过程；第三，人口密度、中心度及形状紧凑度等指标的影响作用会随着人口规模的变化而不同，需要结合实地情况制定发展政策。

本章为今后我国城市应对雾霾污染提供了如下政策启示：首先，城市空间形态对 $PM_{2.5}$ 浓度的影响规律并非放之四海而皆准，需要依据城市规模制定合适的发展政策与方案。对于中小城市，应当适当提高人口密度，打造结构紧凑的单中心城市空间结构，避免不合理的城市

---

① 喻立新，李圣勇．缓解热岛效应：治理雾霾的有效手段 [J]．人民论坛，2016（21）：86-88．
② Zhou D, Zhang L, Hao L, et al. Spatiotemporal trends of urban heat island effect along the urban development intensity gradient in China[J]. Science of the Total Environment, 2016, 544: 617-626.
③ Chang C, Lee X, Liu S, et al. Urban heat islands in China enhanced by haze pollution[J]. Nature Communications, 2016, 7: 12509.

蔓延。而对于大城市而言，应适当疏散中心人口降低人口密度，合理规划、构建城市副中心，以减少职住分离，降低居民通勤距离及交通拥堵，缓解集聚过度带来的环境负外部性。其次，不仅要提高绿地规模，还需提高绿地和开放空间的空间均衡度，构建网络化的绿地布局，以降低颗粒物浓度，缓减城市热岛效应。最后，污染区域传输是我国城市雾霾污染的重要来源之一，应积极推动污染严重地区的"联防联控"措施，其中工业污染排放仍然是雾霾治理的重要环节，应该尽快淘汰高污染、高能耗的落后产能，促进产业结构优化升级。

# 第5章 城市空间形态对机动车尾气的影响
## ——基于土地利用—交通—尾气一体化模型的模拟

本章采用"自下而上"建模思想,建立土地利用—交通—尾气一体化模拟模型,定量评估不同城市空间形态发展情景下城市机动车尾气排放量及空间分布情况。上文研究通过全国城市截面数据发现,城市空间形态会通过影响机动车出行间接地影响城市空气质量,但通过空间形态调节能够多大程度减少尾气排放量还尚不明确。由于城市空间布局一旦形成,往往难以改变。土地利用—交通—尾气一体化模拟模型为空气污染评估提供了定量分析方法,依据模拟模型预测不同城市空间发展情景下的环境污染状况,能够对不同规划方案的合理性进行对比与质疑,选择最为适宜的城市规划方案。本章选取厦门市为研究区域,采用规划决策支持技术构建土地利用—交通—尾气一体化模拟模型,通过自下而上的模拟方法模拟不同城市发展情景下机动车尾气排放状况,以定量评价城市空间形态对机动车尾气排放的影响。

## 5.1 研究区域与实验数据

### 5.1.1 研究区域

(1)地理区位

本章选取福建省厦门市作为研究区域。厦门位于中国东南沿海,福建省南部,与漳州、泉州相连,地处闽南金三角中部,地处东经117° 53′ ~ 118° 26′,北纬24° 25′ ~ 24° 54′之间。隔海与金门县、龙海市相望,陆地与南安市、安溪县、长泰县、龙海市接壤。

厦门由厦门岛、离岛鼓浪屿、西岸海沧半岛、北岸集美半岛、东岸翔安半岛、大小嶝岛、内陆同安、九龙江等组成,陆地面积1699.39平方公里,海域面积390多平方公里。厦门市现辖思明区、湖里区、集美区、海沧区、同安区和翔安区6个市辖区,思明区与湖里区分别位于厦门岛南部与北部,集美区、海沧区、同安区和翔安区位于岛外大陆上。厦门岛是厦门的主体,岛南北长13.7公里,东西宽12.5公里,面积约132.5平方公里,是厦门市政治、经济、文化、教育中心。

(2)社会经济概况

截至2013年底,厦门常住人口数为373万人,每平方公里人口密度为2371人。从六个区的人口数字来看,湖里区人口最多,达98.9万,逼近百万人口大关;思明区人口数量排第二,为97万。思明区、湖里区的人口总数达到了195.9万,占全市总人口的52.5%,岛内人口占"半壁江山"。而从面积上来看,岛内思明、湖里区的面积不到全市的10%,人口密度每平方公里超1万人,达13885人,人口密度再创新高。其中,思明区面积为75.31平方公里,每平方公里12880人;湖里区面积为65.78平方公里,每平方公里达15035人。岛外四个区当中,人口最多的仍然是集美区，达到 61.7 万人。同安区人口 52.3 万，翔安区人口 31.9 万，常住人口数量最少的海沧区是 31.2 万。岛外人口密度同样有所增长，每平方公里达 1237 人，岛内外人口密度比高达 11:1。岛外四个区的人口密度分别为：集美区每平方公里 2411 人，海沧区每平方公里 1831 人，同安区每平方公里 805 人，翔安区每平方公里 896 人。

经过 30 年的建设，厦门已由经济脆弱、生产落后的封闭的海岛商业消费城市，成为一个初具规模的中等工业城市。城市建成区用地已从 1980 年 20 平方公里，1995 年 58 平方公里增至 2002 年 130 余平方公里，初步形成众星拱月海湾型的城市格局。2003 年厦门市城市建设用地为 132.57 平方公里（其中：建成区 114.7 平方公里、建成区内连片村镇用地 7.07 平方公里、已平整场地 10.8 平方公里）。2013 年，厦门市现状建成区面积已经达到 313.98 平方公里。

（3）空气质量状况

良好的生态环境一直是厦门发展的最大优势，但经济社会的发展和城市建设的推进，也给厦门环境与生态带来了巨大的压力。近年来，厦门城市空气质量呈下降趋势。在 2014 年 8 月份，全国省会城市和计划单列市等 74 个城市中，厦门城市空气质量名列 23 位，一年内第四次跌出全国前十。在全省 9 个设区市环境空气质量排名中，厦门倒数第一，其主要污染物为 $PM_{2.5}$ 和 $NO_2$。厦门市环境质量公报指出，机动车尾气排放是厦门空气污染的主要元凶。2014 年年末，厦门的机动车保有量已经超过 117 万辆，其中小汽车占 82 万辆，并且机动车保有量将以每月一万余辆的速度快速增长。厦门每平方公里上有大约 700 辆机动车，该密度为福州的 6 倍，即厦门机动车单位面积尾气排放量约为福州的 6 倍。近七成车辆在岛内运行，堵车的时候，燃料不完全燃烧，加大了氮氧化物和颗粒物排放量，对空气质量影响明显。例如，2014 年全市氮氧化合物排放量为 30992 吨，其中，机动车尾气排放量为 21564 吨，比例接近 70%。因此，治理机动车尾气排放是解决厦门空气污染的首要任务与途径。

（4）交通小区选取

本章研究选取交通分析小区（Traffic Analysis Zone，TAZ）作为基本研究单元，如图 5-1 所示。根据厦门市土地利用与交通现状，将厦门共划分为 325 个交通分析小区，其中岛内 88 个，岛外 237 个。在现实空间中，人口与就业均匀分布在每个交通分析小区整个空间中。为了研究方便，利用各个交通分析小区的质心点代替交通小区区位，并假设小区内的人口与就业全部集中在对应的质心点上。在交通道路网络与交通分析小区质心间建立连接杆，作为居民进出交通分析小区的虚拟道路，假设连接杆道路容量无穷大，而长度无穷小。

### 5.1.2 实验数据

研究广泛收集社会、经济、环境数据，主要包括人口、土地利用、交通及机动车尾气排放几类，如表 5-1 所示。

实验数据概况　　　　　　　　　　　　　　　　　　　　　表 5-1

| 类型 | 数据 | 来源 |
|---|---|---|
| 人口 | 居住人口分布 | 2010 年第六次全国人口普查 |
| | 各行业就业分布 | 2013 年全国第三次经济普查 |
| 土地利用 | 城市建设用地指标与空间分布 | 厦门市规划局 |
| | 居住用地租金 | 搜房网 |

续表

| 类型 | 数据 | 来源 |
|---|---|---|
| 交通 | 道路网络（地铁、BRT、高速公路、国道、快速路、骨架路、主干道、普通道路） | 厦门市规划局 |
| | 公交运营（地铁、BRT、常规公交） | 厦门市规划局 |
| | 非公共交通（步行、自行车、私家车） | 社会调查 |
| | 交通调查报告 | 网络收集 |
| 机动车尾气排放 | 地理与气象条件 | 统计年鉴 |
| | 燃油品质 | 统计年鉴 |
| 其他 | 厦门市城市总体规划文本、说明、图件 | 厦门市规划局 |
| | 航班、火车、长途汽车时刻表及客运量 | 相关部门网站 |

（表格来源：作者自绘）

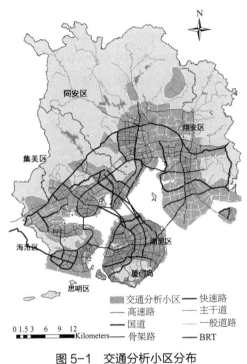

**图 5-1　交通分析小区分布**

（图片来源：作者自绘）

人口数据主要包括居住人口及各行业就业数据，如图 5-2 所示。对 2010 年第六次全国人口普查厦门市数据进行空间化处理，与交通分析小区进行空间叠置分析，得到各个交通分析小区的居住人口分布情况。因为本章研究对每日城市高峰期进行分析，主要模拟通勤人口活动情况，因此对 18 岁以上的城镇人口进行统计，并不考虑城市青少年及农村人口的空间分布状况。就业数据来自于 2013 年全国第三次经济普查厦门市数据。研究利用 google map 搜索功能对各个普查单位的地址进行查询，获取其地理空间坐标，进行空间化处理，得到厦门市就业点分布图。各个就业点的属性包括该单位人口数量及行业类型。

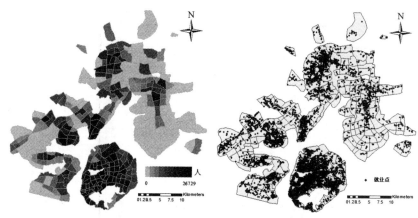

图 5-2  厦门市居住人口与就业点分布

（图片来源：作者自绘）

土地利用数据包括厦门市 2010 年城市建设用地面积指标与空间分布格局，主要包括居住用地、工业用地、商业服务用地、公共管理与公共服务设施用地等。对居住用地租金而言，通过搜房网（http：//www.fang.com）下载厦门市各个楼盘分布数据，对其进行地理编码，并与房租金额进行链接，并计算各个交通分析小区其中出租房租金的平均价格。

交通数据包括交通道路数据与交通运营数据两类。交通道路数据涵盖厦门市轨道交通线路、快速公交线路（BRT）及常规道路（高速公路、国道、快速路、骨干路、主干道、普通道路等）的路网数据，主要属性包括道路名称、类型、长度、限速、车辆容量、收费情况等。交通运营数据包括城市公共交通系统相关数据及其他交通方式数据。公共交通系统数据涵盖地铁、BRT 及常规公交，包括公交线路图、运营时间、发车频率、票价、乘客容量、等待时间、运行速度、运行成本等。其他交通方式主要指的是步行、自行车、摩托车及私家车，主要采用调查方式，收集各交通方式平均行驶速度及运行成本（如私家车每百公里耗油量，及购置、保养、停车成本）。

为了验证模型参数配置的合理性，需要将模拟结果与交通调查数据进行对比。研究收集的交通调查数据包括《中国城市居民出行方式选择倾向调查研究报告》与《厦门市居民出行调查报告》，反映居民出行特征，包括出行次数、方式、目的、耗时、距离、空间分布及时间分布特征。

机动车尾气排放参数数据主要包括地理与气象数据（海拔、温度、湿度、日照强度、日峰持续时间等）及燃油品质数据（雷氏蒸汽压、含硫量、含氧量）。

## 5.2  一体化模型构建

### 5.2.1  模型框架

为了评价城市空间形态对机动车尾气污染的影响，本章构建了土地利用—交通—尾气一体化模型，以模拟在不同城市空间发展方式下，城市交通出行及机动车尾气排放状况。模型主要由土地利用与交通整合模型 TRANUS 与机动车尾气排放因子模型 MOBILE6.2 两大部分构成，并依据一个基础年情景及两个规划年情景进行模拟，对各情景中由土地利用与交通整合模型 TRANUS 得到的交通运行数据及机动车尾气排放因子模型 MOBILE6.2 得到的污染物排放数据进行分析。

如图 5-3 所示，本章根据不同情景要求准备相应的土地利用、交通及尾气排放相关数据，作为整合模型的输入数据。将土地利用与交通数据输入到土地利用与交通整合模型 TRANUS 中，计算后得到交通运行情况，包括每条道路上不同类型车辆的运行速度与数量。将该结果作为机动车尾气排放因子模型 MOBILE6.2 的输入数据，结合地理环境、气象条件及燃油条件数据，计算机动车尾气污染物排放因子。对各个道路上的污染物排放量进行统计，汇总得到研究区总的污染物排放量情况。另外，按照交通分析小区对污染物排放量进行统计，能够求得各交通分析小区污染物生成量及污染物排放量，最后得出各交通分析小区人均污染物生成量及暴露风险。

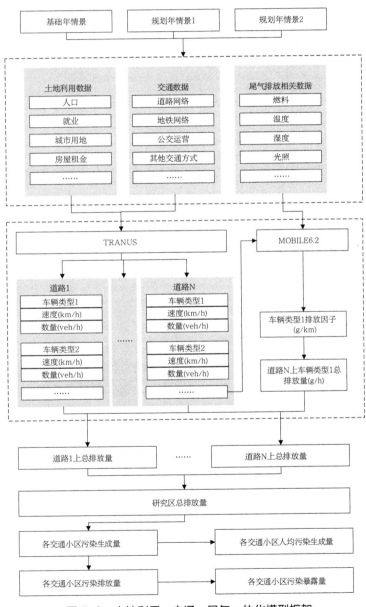

图 5-3　土地利用—交通—尾气一体化模型框架

（图片来源：作者自绘）

## 5.2.2 规划情景

情景规划方法常用于预期方案的对比分析，可针对城市规划方案、公共政策及管理措施产生的城市交通、能源及环境状况进行评估，以优化调整规划方案[1][2]。本章研究针对厦门市基础年 2010 年情景进行建模，用于表征与模拟土地利用与交通布局与运行情况，并校正模型参数。

如表 5-2 所示，通过综合平衡法、劳动平衡法、普查数据年均增长量法、常住人口年均增长率法等四种方法进行人口预测，采用土地资源容量法、水资源容量法两种方法进行校核，并论证了人口来源与规模达到的可能性。根据厦门市人口增长趋势，为保障预期的经济发展需求，并符合资源承载量，预测 2020 年厦门市常住人口规模 500 万人，其中城市人口规模为 480 万人，就业规模约为 320 万人。

厦门市人口规模测算 　　　　　　　　　　　　　　　　　　　表 5-2

| 类别 | 方法 | 人口规模 |
|---|---|---|
| 人口预测 | 综合平衡法预测 | 490 ~ 545 万人 |
| | 劳动平衡法预测 | 490 ~ 530 万人 |
| | 普查数据年均增长量法预测 | 500 万人 |
| | 常住人口年均增长率法预测 | 541 万人 |
| 人口校核 | 土地资源容量法 | 人均建设用地适宜指标 100 平方米；适宜人口规模 500 万人左右 |
| | 水资源容量法 | 工业用水量保持现状水平：535 ~ 642 万人 |
| 人口来源 | 全国城镇化进程中的城镇人口增长需求 | 可能达到 580 万人以上 |

（表格来源：厦门市城市总体规划：2010 ~ 2020 年）

本章构建了两套规划年情景方案，分别为紧凑城市情景与蔓延增长情景，对 2020 年厦门土地利用布局、交通出行及机动车尾气排放进行模拟。在紧凑城市的规划方案中，采用城市区划法规约束厦门市土地开发的空间分布格局，限制未开发地区的城市增长，大部分新增建设用地位于基础年的城市建成区。采用公交导向开发（TOD）的模式，促进公共交通走廊沿线（尤其是地铁与 BRT）节点周边的高密度紧凑式土地开发。第二种方案为蔓延增长情景，主要延续过去"摊大饼"式城市发展模式，城市向外蔓延增长，不断侵占周边农田，大幅扩大了城市建成区范围。

虽然两套规划情景方案人口与就业总量均相同，但其空间分布却不一样，如图 5-4 所示。在紧凑城市情景中，人口与就业主要集中于地铁与 BRT 等公交走廊沿线，为高密度开发模式。该方案在土地控制措施与公交规划的整体规划下，产生了多中心的城市格局，除了原有的城市中心以外，在主要的地铁与 BRT 节点形成了多个城市副中心。城市建成区面积并未大幅增长，且大部分新增的人口与就业位于公交服务范围内。而蔓延增长方案中，就业与人口在厦门全

① Shiftan Y, Suhrbier J. The analysis of travel and emission impacts of travel demand management strategies using activity-based models[J]. Transportation, 2002, 29(2): 145-168.
② Vichiensan V, Miyamoto K, Roychansyah M S, et al. Evaluation system of policy measure alternatives for a metropolis based on tranus from the view point of sustainability[J]. Journal of the Eastern Asia Society for Transportation Studies, 2005, 6: 3803-3818.

市范围内得到了均质性增长，人口与就业从城市中心向城市周边蔓延扩散。城市建成区域大幅向外扩张，大量新增建设用地位于岛外的城市未建成区域，特别是同安区与翔安区。这些地区人口与就业密度较低，且公共交通覆盖率较低。

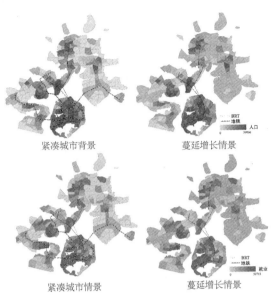

紧凑城市背景　　　　　　　　　　蔓延增长情景

紧凑城市情景　　　　　　　　　　蔓延增长情景

**图 5-4　规划情景人口与就业空间分布**

（图表来源：作者自绘）

### 5.2.3　土地利用——交通模型

本章利用 TRANUS 模型厦门市土地利用与交通布局进行建模，模拟土地利用与交通状况的动态交互作用。上述不同的规划情景方案反映了不同的土地利用布局，对应着不同的城市人口与就业分布形态，决定着城市经济流及交通流的方向与流量。基于 TRANUS 平台构建的土地利用与交通整合模型将不同经济部门间的经济流转换为不同位置交通分析小区间的交通流，使城市土地利用与交通构成一个统一的整体，模拟城市动态运行情况。最后，交通流量作为城市经济流的输出量，按照一定的交通出行行为，分配给不同的交通路线与出行模式，得到最后的城市道路交通流量，从而达到在下一步中依据交通流量测算机动车尾气排放量的目的。

（1）TRANUS 模型简介

TRANUS 模型是由 Modelistica 公司开发的一套土地利用与交通整合模型，用来模拟空间中不同的活动、土地利用变化、房地产市场及交通系统运行情况[1]。TRANUS 模型的基础理论包括空间经济学理论（spatial microeconomics）、重力模型（gravity model）、最大熵原理（maximum entropy）、投入产出模型（input-output model）、随机效用模型（random utility）、交通模型等。它既可以用来作为土地利用与交通整合模型，又可以单独使用其交通模型。它可以模拟城市或区域中不同类型的土地利用或交通项目及政策所产生的影响，反演土地利用与交通系统的变

---

① Modelistica. TRANUS: Integrated Land Use and Transport Modeling System[Z]. Caracas, Venezuela: 2007.

化，并通过经济、环境、财政角度评价其影响。在微观上，可以应用于具体项目的评估，如公交专用道设置、居住或商业区的开发等；在宏观上，可以应用于城市总体规划或综合交通规划，或是道路收费等公共政策的评价。TRANUS 模型适用的地域范围也非常广泛，小到城市小区，大到多个城市组成的区域，甚至省、国家尺度都可以进行模拟。目前，该模型已经在多个国家和地区得到了应用，包括美国、欧洲、南美、亚洲等（表 5-3），这些研究都证明了模型的实用性、可操作性及有效性[1][2][3]。

TRANUS 应用实例

表 5-3

| 地点 | 时间 | 研究内容 |
| --- | --- | --- |
| 巴尔的摩，美国 | 1998 | 预测城市未来的交通和土地利用的发展情况 |
| Swindon，英国 | 1998 | 从能源与环境角度评估城市政策；评价各项政策对土地利用、交通、建筑的影响，探究城市可持续发展政策 |
| Barcelona—Puerto La Cruz，委内瑞拉 | 2003 | 总体交通规划：分析城市发展与道路交通存在的问题；制定交通设施规划，包括基础设计、详细设计、成本评估 |
| 墨西哥城，墨西哥 | 2004 | 公共交通走廊：选择最佳公交路线方案；依据票价与运营方案，估算公交走廊期望交通需求；从经济、财政、环境角度对方案进行评估 |
| 夏洛特，美国 | 2010 | 区域空间发展与汽车尾气排放：模拟土地利用、交通设施、车辆排放技术对城市环境的影响；确定区域发展类型是否对机动车尾气排放量有显著影响 |
| 福建厦门 | 2013 | 住区形态变迁与居民出行能源消费关系：分析住区形态变迁对人口、就业及土地价格的影响；分析不同情景下能源消费与温室气体排放的变化；评价公共政策对城市能源与环境的影响 |
| 江苏江阴 | 2015 | 道路收费与城市空间发展：评价不同土地利用与交通发展模式下，道路收费政策对城市土地利用的影响 |

（表格来源：钟绍鹏，宋彦.基于实例分析的 TRANUS 软件简介，中国科技论文在线，2013.）

（2）模型总体框架

TRANUS 模型主要由土地利用与交通两个子模块构成。两个子模块间存在互动反馈机制，而各个子模块内部又各自存在动态的供需平衡关系（图 5-5 与图 5-6）。在土地利用模块中，人口、就业及其他活动会产生空间需求，这些空间需求由土地市场或房地产市场来满足，提供相应的住房、写字楼、工厂等居住或就业空间。土地价格或房产租金是土地利用模块中用来调节供需平衡的变量：当空间需求大于土地市场的供给时，土地或房产租金会上升，而人均的居住或就业面积会下降；当土地市场的供给大于空间需求时，土地或房产租金会下跌，以吸引土地或房产的消费者，使土地利用模块重新达到平衡。土地利用模块中不同空间的活动交互会产生交通需求（OD 出行矩阵），作为交通模块的输入变量。交通模块中的物理供给（普通道路、轨道等交通基础设施）与运营供给（交通运输服务，如公交、私家车、步行等）用来满足交通

① 王树盛. 交通与土地利用一体化分析技术及其应用——以昆山城市总体规划为例 [J]. 城市规划，2010(B10): 130-135.
② Lefèvre B. Long-term energy consumptions of urban transportation: A prospective simulation of "transport - land uses" policies in Bangalore[J]. Energy Policy, 2009, 37(3): 940-953.
③ Hadden Loh T. Understanding urban development and water quality through scenarios[D]. The University of North Carolina at Chapel Hill, 2012.

需求，其供需平衡的支点为交通出行的时间与成本。当某条道路交通流量过大时，通行速度会减慢或产生交通堵塞，导致出行时间增加，部分出行者会调整出行线路或采用其他交通方式，以减少出行时间。当燃油价格上涨时，会增加私家车出行的成本，导致部门出行者选用公共交通出行方式。当交通模块达到供需平衡后，会将整个交通网络的可达性与出行成本反馈给土地利用模块。人口、就业及空间活动会根据调整后的交通可达性与出行成本，重新调整空间布局及交互关系，重复上述过程。通过两个子模块之间的反馈机制以及模块内部的供需平衡调整，模型在反复迭代计算后达到总体平衡，输出各模块模拟结果。

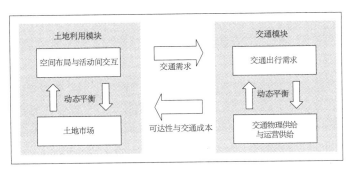

**图 5-5　土地利用模块与交通模块互动反馈关系**

（图片来源：Modelistica. TRANUS：Integrated Land Use and Transport Modeling System. Caracas，

Venezuela：2007.）

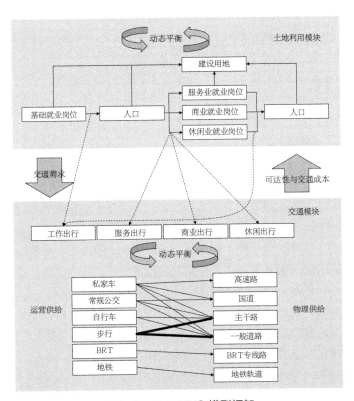

**图 5-6　TRANUS 模型框架**

（图片来源：作者自绘）

（3）土地利用模块构建

首先需要考虑构建土地利用模块的组成要素。本研究主要考虑城市内部人口流动状况，面向城市空间布局与城市客运交通系统的关系进行模拟分析，即主要考虑的是工作、购物、休闲等出行活动。依据此目的，本研究重点关注居住地点与就业地点、居住地点与消费地点间关系，在选择土地利用模块组成元素时设置以下几个"经济部门"（sector），包括基础就业岗位、居住人口、服务业就业岗位、商业就业岗位、休闲业就业岗位及建设用地。在第三次经济普查的成果上，研究依据国民经济行业分类标准对就业岗位进行了归类，以方便建模与计算。基础就业岗位包括公共管理、社会保障和社会组织、农林渔业、制造业、科学研究与技术服务、教育、水利、环境和公共设施管理；服务业就业岗位包括卫生和社会工作、居民服务、修理和其他服务业、金融业、信息传输、软件和信息技术服务业；商业就业岗位包括零售与批发业；休闲业就业岗位包括餐饮业、住宿业、文化、体育及娱乐业。建设用地包括了居住用地、工业用地、商业服务用地、公共管理与公共服务设施用地等，以简便模型的计算过程。

在模型各个部门定义中，基础就业岗位为外生型部门（exogenous sector），其他部门均为诱增型部门（induced sector），各部门间关系依据生产——消费链式关系进行确定。研究假设基础就业岗位是模型的初始生产方，为外生型变量，并且不会被研究区域中其他任何部门消耗。按照生产——消费链，基础就业岗位需要一定量的人口来到该岗位进行就业，即对居住人口产生消费需求。居住人口及其他各部门为诱增型部门，以满足其他部门的消费需求。人口除了满足基础就业岗位的需求外，还需要进行购物、休闲、娱乐等活动，会对服务业、商业及休闲业产生需求，需要消费一定量的服务业、商业及休闲业就业岗位。反过来，这些服务业、商业及休闲业就业岗位也需要一定人口来到该岗位进行就业，从而对人口产生消费需求。基础就业岗位、居住人口、服务业就业岗位、商业就业岗位、休闲业就业岗位分别会对工业用地、居住用地、商服用地等产生需求，这里全部简化为建设用地。当各个部门间的数量需求确定之后，模型按照 multinomial logit 模型对各个诱增型部门进行空间选址。例如，各就业部门产生了一定的人口需求，这些被消费的人口会来自不同的交通分析小区，其具体的空间分布情况依据土地供给、租金价格、就业地点与居住地点的交通可达性和交通成本共同确定。根据以上对部门组成及部门间关系的定义，模型将产生工作流、商业流、服务流及休闲流四类经济流，并转换为相应的交通流传递给交通模块。

（4）交通模块构建

交通模块的物理供给与运营供给用来满足土地利用模块产生的交通出行需求。物理供给指的是城市交通基础设施，主要包括道路网络和公交车站，道路网络按照道路类型、容量及限速可以划分为高速公路、国道、骨干路、快速路、主干路、一般道路、地铁轨道、BRT 道路及连接杆。连接杆为连接交通分析小区与道路网络的虚拟道路，仅作为交通出行的起始路段和结束路段，不作为中途路段使用。运营供给指的是城市交通出行方式，包括公共交通与非公共交通，具体有常规公交、BRT、地铁、私家汽车、自行车和步行。不同的出行方式按照指定的基础道路设施进行运营，如私家汽车可以自由行驶在城市道路网上，但不能行驶在地铁轨道和 BRT 道路上；公交汽车、BRT 及地铁只能按照规定的路线在相应的道路上行驶；行人和自行车只能在城市一般道路和主干路上通行。每种出行方式有着不同的属性，包括行驶速度、价格、成本、乘客容量、发车频率、等待时间等，出行者会依据这些属性计算出行的时间成本和消费成本，并依据各模式的惩罚数值选择其出行方式。另外，模型允许多组不同交通模式的组合出行方式，例如步行出门到公交站点换乘公交车，之后到地铁站换乘地铁，下地铁后步行到达目的地。根据实际情况，模型禁止部分组合方式。如驾驶私家车出行后不可能再换乘其他的交通方式。

（5）土地利用与交通互动

不同部门间的经济流可以转化为对应的交通流，包括工作出行、商业出行、服务出行与休闲出行。在进行经济流与交通流间的转换时，最重要的是时间单位的设置：土地利用模块的时间单位设置为月，作为土地或房产租金的时间单位；交通模块的时间单位设置为小时，以模拟厦门市早高峰期间（7：10AM ~ 8：10AM）的交通运行情况。厦门市在早高峰期间交通拥堵最为严重，其交通流量大约为全天的20%。研究默认早高峰期间的城市货运交通流量较小，可忽略不计，仅考虑城市客运交通。对于学生上学等教育出行，研究默认所有学生采用"就近入学"政策，在于居住地点相同的交通分析小区入学，不会产生交通分析小区间的交通流。对于一些进出厦门市的非内生性交通流，研究将其设置为外生的交通流量。依据厦门市各机场、火车站及长途汽车站的时刻表及客运量，估算在各站点早高峰期间到达和出发的客运量。其他交通小区作为出发旅客的起点或到达旅客的终点，与站点对应构成外生的交通流。最后，以人口数量为权重，将外生的交通流量分配到各个交通分析小区中。

## 5.2.4 尾气模型

土地利用与交通整合模型 TRANUS 可以将城市土地利用布局转化为交通流，作为机动车尾气排放模型 MOBILE6.2 的输入参数。MOBILE6.2 计算机动车在不同环境条件下、不同行驶状况下的尾气污染物排放率。将 Tranus 与 MOBILE6.2 进行耦合，可以将规划情景中的土地利用与交通空间布局方案转换为机动车尾气污染物排放量。

MOBILE6.2 是美国环境保护局（Environmental Protection Agency，EPA）开发的最后一代 MOBILE 排放模型产品，是目前世界上应用最为广泛的机动车尾气污染排放因子计算模型之一。该模型的核心数据为基本排放因子（Basic Emission Factor，BEF），其主要依据联邦测试程序（Federal Test Procedure，FTP）及其补充程序（Supplemental Federal Test Procedure，SFTP）检测结果进行设定。在此基础上，MOBILE6.2 综合考虑多种因素对排放因子进行修正，主要包括交通出行情况和基于路段的排放因素，具体影响因素如下：车辆引擎技术水平、劣化率、车辆类别（轻型车、重型车、公交车等）、车龄分布、行驶里程、检查和维修制度（I/M）、道路类型（高速公路、主干路、区域路、城市路等）、平均行驶速度、环境条件（评估年、月、湿度、温度、大气压力、海拔、日出日落时间等）及油料特性（汽油含硫量、雷氏蒸汽压）等。模型可以估算的污染物包括一氧化碳 CO、氮氧化合物 $NO_x$、二氧化硫 $SO_2$、二氧化碳 $CO_2$、尾气颗粒物及轮胎磨损颗粒物等，平均排放因子的单位为 g/mile。由于模型具有良好的可移植性，已经在中国多个城市得到应用[1][2][3]。

由于我国与美国在机动车排放技术与标准方面存在一定差距，本研究对软件中部分参数进行调整，以满足国内机动车尾气估算的要求。考虑到我国机动车排放水平与美国的差距大约为 10 年，研究中 2020 年的情景均将模拟年份设置为 2010 年。环境条件和燃料状况参数按照统计年鉴及相关标准进行设置。由于缺乏厦门市机动车登记分布、机动车累计行驶里程等数据，

---

① 任小平. 基于 MOBILE6.2 模型的西安市机动车综合排放因子研究 [D]. 西安建筑科技大学，2006.

② 王宇. 北京市典型道路空气中挥发性有机物污染特征与模拟 [D]. 北京林业大学，2014.

③ 余慧. 武汉市机动车排放清单研究 [D]. 武汉理工大学，2007.

采用国内其他城市的常用值进行代替。

考虑到空气污染物的危害及厦门市空气质量现状，本章研究主要对机动车尾气中的氮氧化合物 $NO_x$、一氧化碳 CO、细颗粒物 $PM_{2.5}$ 及挥发性有机物 VOC 的排放量进行模拟。这些污染物都是城市空气中 $PM_{2.5}$ 的主要成分。机动车除了直接排放 $PM_{2.5}$ 之外，尾气中的其他污染气体会在空气中发生化学反应或吸湿，转化为 $PM_{2.5}$。由于不同的规划情景中，机动车、燃油及环境条件基本一致，主要区别在于土地利用与交通模型计算得到的道路机动车流量和行驶速度，研究首先探讨 MOBILE6.2 模型中污染物随机动车平均行驶速度变化的情况。这里参考北京市机动车排放因子的测算研究，分析轻型汽油车 LDGV、重型汽油车 HDGV、及全体车型 ALL 的排放水平。如图 5-7 所示，轻型汽油车的 $NO_x$ 排放量随平均速度呈下降趋势，而重型汽油车排放量逐渐增大，全市机动车趋势与轻型汽油车相类似。VOC 与 CO 在低速时排放量较高，随速度增大显著降低，之后趋于稳定。$PM_{2.5}$ 排放水平基本不随平均速度变化，重型汽油车排放水平显著高于轻型汽油车。总的来说，机动车在慢速时污染排放水平较高，随速度提升污染排放会显著下降，之后趋于稳定。因此，交通拥堵会造成高水平的尾气污染物排放。

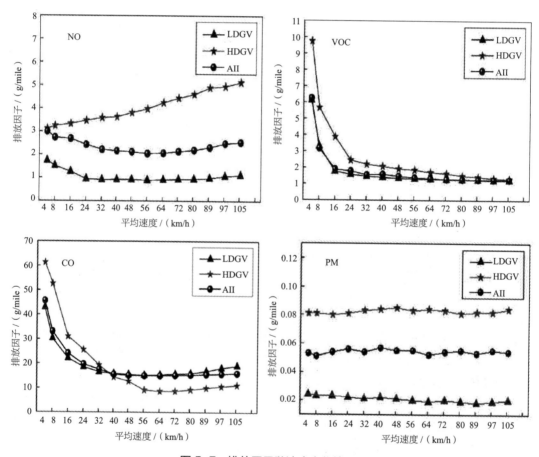

**图 5-7 排放因子随速度变化情况**

[图片来源：黄宇，张庆. 行车速度对北京市机动车排放因子的影响. 交通标准化，2014，42（24）：102-106.]

依据交通流量数据及尾气排放因子，即可以计算各条路段的污染物排放量。比如在某条道路上轻型汽油车的每小时排放量（g/h）为，排放因子（g/mile）、通行量（车/h）及道路长度（mile）三变量的乘积。将城市中所有道路上的排放量求和，即可以得到该情景方案下尾气排放总量。另外，根据 TRANUS 模型生成的交通出行 OD 矩阵，能够计算源自各个交通分析小区的出行尾气排放量，可以作为评价该小区绿色出行的标准。按照交通分析小区的空间范围，将道路网络中排放的污染物量进行统计，即为该区域的污染残留总量，可以作为污染暴露风险的评价指标。

## 5.3 结果分析

### 5.3.1 模型校正与检验

在对未来的规划情景进行模拟之前，需要对土地利用与交通整合模型进行校核，以保证模型的可靠性。针对 2010 年基础年情景，利用土地利用数据及交通出行调研相关数据，检查模型模拟结果与现实观测数据的符合程度，若未能达到一定的精度要求，则需反复对模型的相关参数进行调试，直到模拟结果与观测结果基本一致为止。依据本研究的分析需求及数据条件，选择人口数量与分布、就业数量与分布、用地数量与分布、出行总量、出行结构等参数作为模型的校核标准。

为了降低模型调试的复杂程度，研究采用分步校核的方法，分别对土地利用模块和交通模块进行验证，最后对两个子模块间的交互参数进行校核。该方法采用了分而治之的策略，主要优点在于将复杂模型的校核划分为多个易于操作的子部分。对子模块校核时只用关心本模块的相关参数，而不必考虑其他模块的影响。土地利用与交通混合模型的校核过程主要分为三个步骤：首先，对土地利用模块进行校核，主要的检验指标包括人口数量与分布、就业数量与分布、用地数量与分布；第二，利用土地利用模块的计算结果，对交通模块进行校核，选取出行总量与出行结构作为校核指标；最后，同时运行土地利用模块与交通模块，检验交互参数，再次校核以上指标，完成对混合模型的校核。

土地利用模块的校核结果如表 5-4 所示，其展示的为 2010 年模型模拟结果与实际结果差异最大的交通分析小区情况。基础就业岗位并没有在校核结果中，这是由于其为外生变量，是模型的输入参数，不需要进行检验。厦门市 325 个交通分析小区中，人口、服务业就业岗位、商业就业岗位、休闲业就业岗位及建设用地空间分布最大误差分别为 0.47%、0.01%、0.66%、0、0.03%，表明土地利用模块模拟精度较高，满足研究分析需求。

土地利用模块校核结果 表 5-4

| 部门 | 结果 | | | |
|---|---|---|---|---|
| | 模拟结果 | 实际结果 | 误差（%） | 误差最大的 TAZ |
| 人口 | 1041 | 1046 | 0.47 | 86 |
| 服务业就业岗位 | 8518 | 8519 | 0.01 | 77 |
| 商业就业岗位 | 151 | 150 | 0.66 | 147 |
| 休闲业就业岗位 | 12 | 12 | 0 | 114 |
| 建设用地 | 5598 | 5600 | 0.03 | 319 |

（表格来源：作者自绘）

交通模块的校核主要依据 2009 年厦门居民出行调查结果，对 2010 年基础情景的相关参数进行检验。该次出行调查由中国城市规划设计院和厦门城市规划设计院统一组织，于 2009 年 3 月 21 日（星期日）开展，共抽样调查了 27017 户居民，方法出行调查问卷 80052 份，收回有效调查问卷 77464 份，抽样率为 3.3%，有效回收率 97%。依据调查结果，厦门市全天出行量为 505 万人次，其中早高峰期的出行量约为全天的 20.14%。另外，教育出行约占 10%，模型将其视为相同交通分析小区内部出行，不予考虑。因此，可以计算得到早高峰的出行量约为 92 万人次。基准年情景模型模拟结果为，不同交通分析小区间的出行量为 83 万人次，相同交通分析小区间的出行量为 7 万人次，总量为 90 万人次。因此，模型估算的出行总量与实际调查结果的误差仅为 2%，在可接受范围之内。

对出行结构进行校核时，除了依据厦门居民出行调查结果外，还参考 2009 年《中国城市居民出行方式选择倾向调查研究报告》，得到厦门市各交通模式出行比例。考虑到部分交通模式有着类似的属性，对一些相似的出行方式进行合并，如将常规公交车、BRT 及地铁均归并为公共交通，将私家汽车与租车车归并为私家汽车出行，将摩托车、自行车、电动自行车归并为自行车出行。对比出行调查结果与模型模拟结果（表 5-5），最大误差为自行车出行 9.5%，其模拟误差均在可接受范围之内。

出行结构校核结果　　　　　　　　　　　　　　　　　　　　表 5-5

| 出行模式 | 分担率（%） | | |
|---|---|---|---|
| | 模拟结果 | 调查结果 | 误差（%） |
| 公共交通 | 32.6 | 31 | 5.2 |
| 私家汽车 | 29 | 28.5 | 1.7 |
| 自行车 | 17.1 | 18.9 | 9.5 |
| 步行 | 21.3 | 21.6 | 1.4 |

（表格来源：作者自绘）

总之，以上校核表明，模型对 2010 年厦门市土地利用与交通出行情景的模拟较为准确，各项参数较为可靠，可以应用于对未来规划情景的模拟分析中。

### 5.3.2 交通出行分析

利用土地利用与交通整合模型预测规划情景的交通出行指标如表 5-6 所示。两个规划情景的公交车行驶距离一致，但紧凑城市情景中私家汽车行驶距离下降了 41 万公里，降幅为蔓延增长情景的 31.6%。在紧凑城市情景中，公共交通系统的旅客运输能力大幅提升，乘客运输距离增加了 127 万人·公里，升幅达 23%；而私家汽车乘客运输距离得到了大幅度减少，降低了 61 万人·公里，降幅为 20.8%。另外，紧凑城市情景下私家汽车分担率为 32%，相比蔓延增长情景的 38%，下降了 6 个百分点。在紧凑城市情景下，城市人口与就业密度升高，加之公共交通系统的完善，有力地抑制了居民私家车出行的比例，减少了私家车行驶距离，公共交通运输量大幅提升。

| 指标 | 紧凑城市情景 | 蔓延增长情景 |
|---|---|---|
| 出行量（万） | 102 | 100 |
| 平均出行距离（km） | 8.52 | 8.11 |
| 平均出行时间（min） | 25 | 26 |
| 平均速度（km/h） | 20.1 | 18.4 |
| 私家汽车分担率（%） | 32 | 38 |
| 公共交通乘客运输距离（km） | $6.78 \times 10^6$ | $5.51 \times 10^6$ |
| 私家车乘客运输距离（km） | $1.37 \times 10^6$ | $1.98 \times 10^6$ |
| 私家车行驶距离（km） | $9.12 \times 10^5$ | $1.32 \times 10^6$ |
| 公交车平均行驶速度（km/h） | 20 | 19.2 |
| 私家车平均行驶速度（km/h） | 37 | 37.6 |

规划情景中交通出行指标对比　　　　　　表 5-6

（表格来源：作者自绘）

在紧凑城市情景中，出行次数有小幅度的上升（2%），这主要是由于交通系统改善后，平均出行速度加快，拥堵减少，提高了居民在高峰期时期出行的意愿。此反馈效果主要是通过TRANUS 模型中出行弹性函数来实现的，当交通条件改善后，交通出行成本降低，出行概率增大。两情景的平均出行距离基本一致，紧凑城市情景的略高。这可能是由于在地铁与 BRT 站点周边多个就业中心形成后，部分居住得较远的居民会乘坐地或 BRT 上班，导致出行距离略有提升。虽然出行距离变长了，但城市交通状况却有了改善，平均出行速度由 18.4km/h 上升到 20.1km/h，最终出行时间比蔓延增长情景降低了 1 分钟。在紧凑城市情景下，地铁的建设加上站点周边高密度的土地开发，促进了部分居民开始偏向乘坐城市轨道交通出行，使城市居民的出行速度加快、耗时减少。

虽然城市中心的人口密度与就业密度在紧凑城市情景下显著提高，但是城市整体的交通拥堵状况并没有明显的加重，私家车的平均行驶速度基本一致，公交车的行驶速度还略快于蔓延增长情景。公交车主要行驶在城市主要路段，表明了这些道路上拥堵情况还有改善。以地铁服务覆盖为主体的公交可达性的改善，降低了居民驾驶私家车出行的意愿，减少了道路网络中机动车的数量，起到了疏解交通拥堵的作用。而在蔓延增长情景下，在城市边缘地区公共交通服务较差，居民对私家车出行的依赖性增加，整体私家车分担率比紧凑城市情景高了 6 个百分点。

分析两组规划情景的私家车分担率统计结果（表 5-7）及其空间分布图（图 5-8）可以发现，厦门岛上的居民采用私家车出行的比例低于其他地区，平均分担率在 30% 左右。这些地区公共交通基础设施完善，公交服务水平较高，提高了居民搭乘公交出行的意愿。另外，厦门岛在早高峰期间交通拥堵较为严重，也抑制了选取私家车出行的居民数量。在紧凑城市情景中，在地铁及 BRT 服务半径内的交通分析小区的私家车分担率更低，说明在 TOD 政策的发展情景下，地铁、BRT 这类城市快速交通对居民吸引力更大，起到了重要的分流作用。在城郊地区，部分私家车分担率高于全市平均水平，尤其是在蔓延增长情景中，翔安地区的选用私家车出行的比例普遍高于 50%，个别小区甚至接近 70%。公共交通服务较差是城郊地区私家车分担率普遍偏高的重要原因。翔安区处于城市发展的初期阶段，城市人口密度较低，公共交通不仅线路较少，而且发车频率较低，私家车出行是该区域交通出行的主要方式。在这些城郊地区，两套规划方案中均新增了大量城市快速路与主干道，道路资源充足，机动车行驶速度较高，这也增加了居民采用机动车出行的意愿。

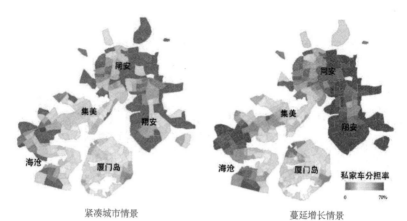

紧凑城市情景    蔓延增长情景

图 5-8　私家车分担率空间分布

（图片来源：作者自绘）

各地区私家车分担率统计　　　　　　　　　　　　　　　　表 5-7

| 地区 | 紧凑城市情景 | | | | 蔓延增长情景 | | | |
|---|---|---|---|---|---|---|---|---|
| | 平均值 | 最小值 | 最大值 | 标准差 | 平均值 | 最小值 | 最大值 | 标准差 |
| 厦门岛 | 31 | 17 | 43 | 6 | 34 | 17 | 49 | 6 |
| 集美 | 30 | 16 | 47 | 12 | 39 | 21 | 66 | 10 |
| 同安 | 31 | 15 | 51 | 18 | 38 | 16 | 68 | 9 |
| 翔安 | 18 | 12 | 53 | 19 | 51 | 31 | 70 | 8 |
| 海沧 | 35 | 20 | 73 | 16 | 37 | 25 | 69 | 12 |
| 全市 | 32 | 12 | 73 | 16 | 38 | 16 | 70 | 13 |

（表格来源：作者自绘）

## 5.3.3　尾气排放总量分析

表 5-8 为规划情景下机动车尾气污染物排放的情况。通过比较四种污染物排放总量可以看出，在不同空间发展模式下尾气排放量存在着巨大的差异。紧凑城市情景中机动车尾气排放的 VOC、$NO_x$、CO 及 $PM_{2.5}$ 总量与蔓延增长情景相比，分别下降了 17.5%、15.9%、17.0% 及 17.4%。结果表明了不同的城市发展情景对城市交通出行及机动车尾气排放有着显著的影响，紧凑的城市空间形态能够有效地降低机动车污染排放量。

| 排放指标 | 交通模式 | 紧凑城市情景 | | | | 蔓延增长情景 | | | |
|---|---|---|---|---|---|---|---|---|---|
| | | VOC | CO | NO$_x$ | PM$_{2.5}$ | VOC | CO | NO$_x$ | PM$_{2.5}$ |
| 总排放量（PM$_{2.5}$单位：kg，其他污染物单位：t） | 私家车 | 1.22 | 18.68 | 0.72 | 8.05 | 1.97 | 27.12 | 1.07 | 11.75 |
| | 普通公交车 | 2.33 | 25.31 | 0.91 | 9.22 | 2.34 | 25.31 | 0.91 | 9.21 |
| | BRT | 0.04 | 0.51 | 0.03 | 0.3 | 0.04 | 0.5 | 0.03 | 0.28 |
| | 总计 | 3.59 | 44.49 | 1.66 | 17.56 | 4.35 | 52.93 | 2 | 21.25 |
| 人均每公里排放量（g） | 私家车 | 0.89 | 13.63 | 0.52 | 0.006 | 1 | 13.7 | 0.54 | 0.006 |
| | 普通公交车 | 0.5 | 5.45 | 0.2 | 0.002 | 0.49 | 5.33 | 0.19 | 0.002 |
| | BRT | 0.05 | 0.6 | 0.03 | 0.0003 | 0.06 | 0.7 | 0.04 | 0.0004 |

（表格来源：作者自绘）

对比尾气污染物排放量可以发现，两个规划情景中源自公共交通（常规公交与BRT）的排放量基本一致，主要的区别在于私家车尾气排放量中。紧凑城市情景中私家车排放的VOC、NO$_x$、CO及PM$_{2.5}$比蔓延增长情景中的排放量分别减少了38%、31%、33%及31%。比较人均每公里污染排放量，紧凑城市情景下私家车排放率略低于蔓延增长情景的排放数值，可以反映出紧凑城市情景平均车速较高，导致污染排放率较低，如图5-7所示。普通公交车与BRT的情况与此类似，紧凑城市情景的排放量低于蔓延增长情景，其原因除了紧凑城市情景中平均车速加快之外，还有乘客量增长的作用。

两个情景均表明，虽然私家车污染物排放量仅在排放总量的34%～55%，但其人均每公里排放率却大幅高于公共交通的排放率，特别是BRT。私家车人均每公里污染排放量是普通公交车的1.8～3倍，因此私家车出行应该为污染排放增加负主要责任。需要说明的是，普通公交车的人均每公里排放量为中等水平，比起BRT排放量还较高，这主要是其乘坐率不高所造成的。当常规公交车基本满载时，其人均每公里污染排放率将会显著下降。因此，优化公交车路线与班次，改善运输效率也是减少城市机动车尾气排放中重要的一环节。

总的来讲，两组规划情景在出行距离、行驶速度、出行时间及出行结构方面存在一定的差异，从而导致了机动车尾气排放量的不同，其根本原因在于不同的城市空间形态（土地利用及交通布局）对城市交通出行的影响。紧凑城市情景采用了TOD式的开发策略，提高了城市人口与就业密度，鼓励公共交通出行模式，减少了对私家车的依赖性，从而减少私家车出行的次数与距离，降低了尾气污染物的排放量。紧凑城市方案与蔓延增长方案相比，源自机动车VOC、NO$_x$、CO及PM$_{2.5}$的污染排放量平均下降了17%。由此可见，城市空间形态对城市机动车污染源有着显著的影响。

## 5.3.4 尾气排放空间分析

（1）污染排放量

图5-9表示的为源自不同交通分析小区的尾气排放量（以NO$_x$为例），在全市范围内各个交通分析小区的居民尾气排放量不尽相同，不同区域间存在较大差异（表5-9）。在紧凑城市情景中，主要的尾气排放源来自厦门市中心，特别是厦门岛上，其总排放量明显高于岛外城

市郊区的交通分析小区。大量人口集中于厦门市中心地区,这些交通分析小区具有人口密度高、出行次数多的特点,造成了机动车尾气排放总量显著高于其他地区的现象。在海沧区的西部及翔安区的南部,人口数量少,出行量低,来自这些地区的尾气排放量较低。蔓延增长情景中交通分析小区污染排放的空间分布与紧凑城市情景并不相同。厦门岛仍然是尾气排放量最高的地区,但随着城市建设用地在翔安、海沧及同安区的蔓延扩张,人口数量及交通出行增多,在这些地区的尾气排放总量也明显提升。尽管在这些蔓延增长地区人口数量仅占厦门全市的12%,但总的污染排放量占全市排放总量的15%,说明其人均排放水平较高。就全市范围内污染物排放量均值而言,蔓延增长情景比紧凑城市情景增加了约20%,其中,厦门岛的变化最小,约为5%;翔安区变化最大,变化率超过1倍。

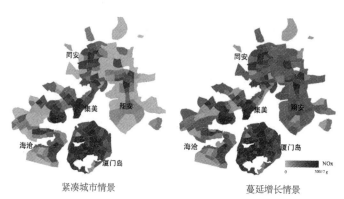

图 5-9 机动车尾气排放量空间分布(以 $NO_x$ 为例)

(图片来源:作者自绘)

各地区污染物排放平均水平(单位:g)　　　　　　　　　　　　　　表 5-9

| 地区 | 紧凑城市情景 | | | | 蔓延增长情景 | | | |
|---|---|---|---|---|---|---|---|---|
| | $NO_x$ | VOC | CO | $PM_{2.5}$ | $NO_x$ | VOC | CO | $PM_{2.5}$ |
| 厦门岛 | 10135 | 21809 | 271215 | 107 | 10631 | 23421 | 281447 | 112 |
| 集美 | 6673 | 14550 | 179601 | 71 | 7460 | 16676 | 198947 | 79 |
| 同安 | 3909 | 8282 | 104473 | 42 | 4805 | 10343 | 126730 | 51 |
| 翔安 | 1425 | 3104 | 38418 | 15 | 3743 | 7475 | 97006 | 41 |
| 海沧 | 3031 | 6461 | 81504 | 32 | 3736 | 8009 | 98722 | 40 |
| 全市 | 5250 | 11303 | 140749 | 56 | 6351 | 13756 | 167702 | 67 |

(表格来源:作者自绘)

(2)人均污染排放量

除了分析源自不同交通分析小区的尾气排放总量之外,本章研究还对各地区的人均污染排放量进行计算,如表 5-10 及图 5-10 所示。排放量较低的居民主要位于厦门岛中心地区,这些地区以公共交通出行为主体,私家车分担率较低,因此人均排放量较低。在厦门岛边缘海滩地区,一部分交通分析小区的人均污染排放量高于厦门岛内部地区,这主要是由于其出行距离相当较远,同时这也与在海边居住的高收入人群的出行行为相符合。而厦门城郊地区的人均排放量明显高于城市中心地区，这些地区人口密度低，公交服务差，高比例的私家车出行是导致人均排放量高于其他地区的主要原因。另外，城郊地区的就业、商业、服务等基础设施条件较差，驱使当地居民驾驶私家车长距离通行，进行工作、购物、享受服务等活动。对比两组规划情景人均排放量的分布可以发现，集美区人均排放在两个情景中均为最高水平。翔安区在紧凑城市情景中人均排放量最小，但在蔓延增长情景下大幅增加，增幅超过了1倍。其他高排放群体在同安区及海沧区也开始出现，这两个地区的人均污染排放量上升了约30%～40%。从全市范围来看，人均污染排放变化率上升了约50%，变化最小的区域在厦门岛，变化率为17%～21%。

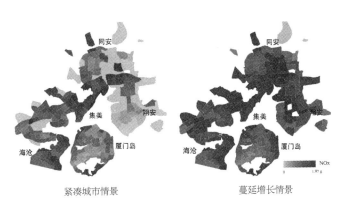

紧凑城市情景　　　　　　蔓延增长情景

图 5-10　人均污染排放量空间分布（以 $NO_x$ 为例）

（图片来源：作者自绘）

各地区人均污染物排放量　　　　　　　　　　　　表 5-10

| 地区 | 紧凑城市情景 | | | | 蔓延增长情景 | | | |
|---|---|---|---|---|---|---|---|---|
| | $NO_x$ | VOC | CO | $PM_{2.5}$ | $NO_x$ | VOC | CO | $PM_{2.5}$ |
| 厦门岛 | 0.96 | 2.06 | 25.67 | 10.18 | 1.14 | 2.51 | 30.20 | 12.02 |
| 集美 | 1.02 | 2.21 | 27.52 | 10.84 | 1.40 | 3.08 | 37.10 | 14.82 |
| 同安 | 0.90 | 1.89 | 23.96 | 9.54 | 1.30 | 2.77 | 34.14 | 13.77 |
| 翔安 | 0.51 | 1.11 | 13.74 | 5.39 | 1.36 | 2.70 | 35.22 | 14.80 |
| 海沧 | 0.98 | 2.03 | 26.13 | 10.42 | 1.30 | 2.75 | 34.28 | 13.96 |
| 全市 | 0.85 | 1.81 | 22.72 | 9.00 | 1.29 | 2.72 | 33.81 | 13.74 |

注：$PM_{2.5}$ 单位：μg，$NO_x$、VOC、CO 单位：g

（表格来源：作者自绘）

（3）空气质量评价

本章研究通过计算各交通小区内每平方公里污染物聚集量，测算污染物浓度水平，以评价空气质量，如图 5-11 所示，并统计各地区的污染浓度的平均水平，如表 5-11 所示。可以看出，厦门岛上的污染聚集量最高，空气质量最差，各污染物平均浓度指标约为全市平均水平的2.5倍。厦门岛是全市的经济活动中心，大部分的交通出行都发生在厦门岛上，从而产生了大量的机动车尾气污染物聚集。岛外经济活动量明显低于岛内，机动车通行量低，累积的尾气排放量较少，在翔安区和同安区最为明显。因此，岛内岛外空气质量差别较大，厦门岛内污染浓度较高，其浓度指标高于岛外水平两倍以上，而岛外郊区的浓度还相对较低，特别是城市边缘区污染物浓度远低于城市中心水平。另外，这里还需要说明的是，表5-11中的$PM_{2.5}$暴露量较低，看似机动车尾气对城市$PM_{2.5}$浓度的影响并不大。而实际上这里的$PM_{2.5}$值仅为$PM_{2.5}$污染来源的一部分，尾气排放中$NO_x$、VOC及CO都是空气中$PM_{2.5}$主要的贡献源，这些气体污染物会在大气中发生化学反应或吸湿最后变成$PM_{2.5}$。

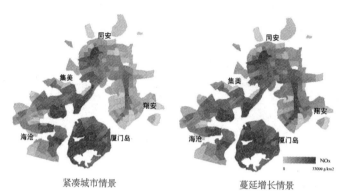

图 5-11  污染浓度空间分布（以 $NO_x$ 为例）

（图片来源：作者自绘）

各地区污染浓度平均值（单位：$g/km^2$）　　　　　表 5-11

| 地区 | 紧凑城市情景 | | | | 蔓延增长情景 | | | |
|---|---|---|---|---|---|---|---|---|
| | $NO_x$ | VOC | CO | $PM_{2.5}$ | $NO_x$ | VOC | CO | $PM_{2.5}$ |
| 厦门岛 | 9137 | 22953 | 264736 | 98 | 9515 | 25204 | 268139 | 100 |
| 集美 | 2173 | 4180 | 55594 | 23 | 2340 | 4502 | 59828 | 25 |
| 同安 | 1460 | 2864 | 38142 | 15 | 1703 | 3353 | 44126 | 18 |
| 翔安 | 497 | 916 | 12308 | 5 | 1133 | 2010 | 28873 | 12 |
| 海沧 | 1413 | 2733 | 35632 | 15 | 1738 | 3360 | 44400 | 19 |
| 全市 | 3396 | 7990 | 95224 | 36 | 3776 | 9105 | 103343 | 40 |

（表格来源：作者自绘）

（4）污染暴露分析

最后，本章对各个交通分析小区污染物排放量及暴露量进行对比。本研究一共测量了4类污染物的情况，使用主成分分析法（Principle Componet Analysis，PCA），构建各交通分析小区污染排放与污染暴露的综合评价指标：人均污染排放指标为四种污染物人均排放量的主成分指标数值；污染暴露指标为四种污染物每平方公里暴露浓度的主成分指标数值。根据污染排放与污染暴露的综合指标，将全市所有交通分析小区分成4个类别，分别为高排放高暴露区、高排放低暴露区、低排放高暴露区及低排放低暴露区。在紧凑城市情景中，数量最多的为低排放低暴露区158个，高排放低暴露区次之117个，低排放高暴露区44个，高排放高暴露区仅6个为最少。蔓延增长情景略有不同，高排放低暴露区最多达161个，低排放低暴露区116个，低排放高暴露区 45 个，高排放高暴露区仍然最少仅 3 个。由此可见，两套规划情景中均存在很大一部分排放水平与暴露水平不对等的地区。如图 5-12 所示，厦门岛中心区域主要为低排放高暴露区，居民人均排放量较低，但污染浓度较高。高排放低暴露区主要位于岛外几个城区，也有一部分分布在厦门岛东面沿海区域，在蔓延增长情景中，该类型在翔安区有大量增加。因此，污染水平与暴露水平的空间不一致性反映了厦门市空气污染存在一定的不公平性。

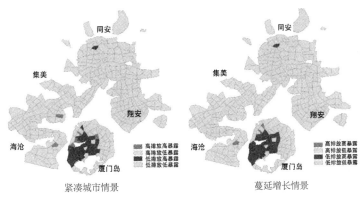

图 5-12　交通分析小区污染排放与暴露水平

（图片来源：作者自绘）

进一步对出行个体的排放与暴露量进行对比分析，依据出行模式，将采用私家车出行的居民划分为高排放人群，将采用公共交通、自行车及步行方式出行的居民划分为低排放人群。采用 GIS 的空间叠置方法，将所有个体的出行目的地与各交通分析小区的污染暴露水平进行叠置分析，如图 5-13 所示。在紧凑城市情景中，有 61% 的高排放人群在低污染暴露地区工作、购物或享受服务（该比例在蔓延增长情景中达到了 69%）；有 57% 的低排放人群的出行目的地位于低污染暴露区域（该比例在蔓延增长情景中达到了 59%）。因此，低排放群体享受优质空气的比例水平要低于高排放群体，同样反映了厦门市空气污染排放与暴露的不公平性。但是，与蔓延增长情景相比（表 5-12），紧凑城市情景中两类群体污染暴露水平的差距有所减小，从 28% 下降到 10%。

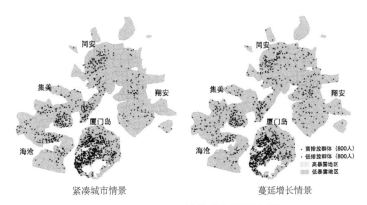

图 5-13　个体污染排放与暴露水平

（图片来源：作者自绘）

不同个体暴露对比（kg/km²）　　　　　　　　　　　　表5-12

| 情景 | 暴露 | VOC | CO | NOx | PM2.5 |
|---|---|---|---|---|---|
| 紧凑 | 高排放群体 | 18488 | 211614 | 7292 | 78 |
| | 低排放群体 | 20661 | 234376 | 8046 | 86 |
| | 差别比例 | 11.76% | 10.76% | 10.33% | 10.46% |
| 蔓延 | 高排放群体 | 17212 | 183066 | 6500 | 69 |
| | 低排放群体 | 22356 | 234573 | 8258 | 87 |
| | 差别比例 | 29.88% | 28.14% | 27.05% | 27.14% |

（表格来源：作者自绘）

　　然而，从人口加权暴露量来看（表5-13），紧凑发展情景中的人口加权暴露指数及就业加权暴露指数均比蔓延发展情景要高，说明高密度的发展模式可能会使大量人口聚集在污染水平较高地区，而蔓延发展会把人口从高密度中心疏散到郊区，污染暴露水平相对较低。总体上，紧凑情景可能会增加暴露在高浓度污染物中的居民数量，还需特别关注。

人口加权暴露量（kg/km²）　　　　　　　　　　　　表5-13

| 暴露指数 | 情景 | VOC | CO | NOx | PM2.5 |
|---|---|---|---|---|---|
| 居住人口加权 | 紧凑 | 17692 | 205368 | 7152 | 77 |
| | 蔓延 | 17444 | 188634 | 6752 | 71 |
| | 差别比例 | 1.42% | 8.87% | 5.93% | 7.43% |
| 就业人口加权 | 紧凑 | 19461 | 221860 | 7639 | 82 |
| | 蔓延 | 19493 | 206162 | 7292 | 77 |
| | 差别比例 | -0.16% | 7.61% | 4.75% | 6.44% |

（表格来源：作者自绘）

# 5.4　结论与讨论

　　本章依据自下而上的建模思路，结合 TRANUS 模型与 MOBILE6.2 模型，构建了土地利用——交通——尾气一体化模拟模型。选取厦门市作为实验区域，构建了紧凑城市与蔓延增长两套规划情景方案，通过整合模型仿真的方式对比分析不同城市发展形态下交通出行及机动车尾气排放的区别,定量地测算城市空间形态对机动车尾气排放的影响大小。实验结果表明，与蔓延增长的方案相比，紧凑城市方案能够显著改变居民出行行为，减少私家车出行次数与距离，提高公共交通系统的分担率，有效降级机动车尾气污染排放量。上述整合模型模拟结果表明，厦门市在紧凑城市发展情景下较蔓延增长情景在机动车尾气排放方面预期减少 17.5% 的 VOC、15.9% 的 $NO_x$、17.0% 的 CO 及 17.4% 的 $PM_{2.5}$。这些污染物不但会独自威胁到人体健康，而且是空气中 $PM_{2.5}$ 的主要影响成分。总体上，紧凑的城市发展形态能够减少机动车污染来源，但是紧凑发展情景会使大量人口集中在污染浓度较高的地区，增加人口加权暴露量。

　　分析两套情景方案中交通分析小区尾气排放的空间分布发现，厦门岛中心地区私家车分担率低，人均排放量少，但由于大量的机动车行驶，该地区污染暴露风险较高；岛外情况相反，其公交服务水平较差，人均排放量较高，但污染暴露风险低于岛内。在蔓延增长情景中，随着城市建设用地向郊区的扩张，翔安、海沧及同安区的污染排放量开始增多，人均排放水平大幅提升。紧凑城市方案在厦门岛内增加了人口数量，会使大量人口置身于污染水平较高的中心地区，使得人口加权暴露量上升。将交通分析小区污染排放与暴露综合指标进行空间叠置分析发现，两套情景方案中均存在着污染水平与暴露水平的空间不一致性，即高排放低暴露区和低排放高暴露区。进一步分析不同排放水平的出行个体的污染暴露程度发现，低排放群体享受优质空气的比例水平要低于高排放群体，同样反映了空气污染排放与暴露的不公平性。但是紧凑城市方案对蔓延增长方案的公平性有所改善，减少了两类群体污染暴露水平的差距。总体上来看，虽然紧凑的城市空间形态有助于减少机动车尾气排放量，但是对于人口密度已经较高的中国城市来说，过高的密度会使大量人口聚集在污染浓度较高的城市中心地区，提高污染风险。

本研究仍然存在一定的不足与局限。例如，在构建城市土地利用与交通整合模型时，由于缺乏不同收入水平人群分布数据，对不同经济属性人群的出行行为模拟不足，也未反映年龄、性别、教育程度、工作性质等社会属性对居民出行及尾气排放的影响。尾气排放模拟模块中缺乏机动车登记分布、机动车累计行驶里程等数据，污染估算结果会存在一定的偏差。这些不足需在今后研究收集更多的调查资料，开展更为细致的模拟分析。研究假设在道路上排放的污染物都会残留在该地区中，并未考虑空气扩散影响，仅使用每平方公里的污染物量作为污染浓度指标，各地区的空气质量会存在一定偏差。今后研究可应用空气扩散模型，并考虑污染物间的转化与吸收作用。

# 第6章  规划要素对 PM$_{2.5}$ 污染暴露的影响及优化对策
## ——基于遥感、LBS 及 GIS 数据的实证研究

污染物在城市不同空间中的浓度存在差异，会受到城市规划与设计所涉及的空间要素的影响，这些要素包括城市空间结构、土地利用、道路交通、空间形态、绿地和开放空间等[1][2]。若能对这些空间要素进行适当调控，便有可能降低城市空间中的颗粒物浓度。同时，规划要素还会显著影响居民的时空行为[3][4]，而个体时空轨迹又与污染暴露的浓度、持续时间、暴露频率等因子紧密关联。例如，长距离的通勤可能会增加个体承受的空气污染暴露量，导致呼吸及心血管系统疾病的发病率上升[5]。不同类型的个体由于其居住、工作地点及出行活动轨迹的差异，也会承受不同的空气污染暴露量[6]。因此，城市规划要素、居民时空行为、污染暴露之间存在一个非常复杂的关系（图 6-1），但现有研究大多关注城市规划要素与颗粒物浓度的关系，缺乏对居民个体时空行为的考虑，因而未能准确地反映个体真实的空气污染暴露程度。

个体暴露监测、生物标志物监测是空气污染暴露评估的常用方法，但由于费时、费力、成本较高，并不适合对较大地理范围内的人群进行空气污染暴露评估[7]。近年来，ITC 开始在公共健康领域得到应用，特别是利用 GPS 等实时定位技术能够揭示居民个体的时空行为轨迹，在与空气污染浓度分布数据结合后，便能够用于评估特定人群的空气污染暴露水平[8][9]。此方法为研究城市规划要素、居民时空行为、污染暴露之间的关联提供了技术支撑。本书以武汉市为例，

① 王兰，廖舒文，赵晓菁. 健康城市规划路径与要素辨析 [J]. 国际城市规划，2016，31（4）：4-9.

② 王兰，赵晓菁，蒋希冀，等. 颗粒物分布视角下的健康城市规划研究——理论框架与实证方法 [J]. 城市规划，2016，40（9）：39-48.

③ 柴彦威，张艳，刘志林. 职住分离的空间差异性及其影响因素研究 [J]. 地理学报，2011，66（2）：157-166.

④ Cao X, Mokhtarian P L, Handy S L. Do changes in neighborhood characteristics lead to changes in travel behavior? A structural equations modeling approach[J]. Transportation, 2007, 34（5）：535-556.

⑤ 林雄斌，杨家文. 北美都市区建成环境与公共健康关系的研究述评及其启示 [J]. 规划师，2015（6）：12-19.

⑥ 关美宝，郭文伯，柴彦威. 人类移动性与健康研究中的时间问题 [J]. 地理科学进展，2013，32（9）：1344-1351.

⑦ 邹滨，湛飞并，曾永年. 空气污染暴露时空建模与风险评估 [M]. 中国环境科学出版社，2012.

⑧ Dias D, Tchepel O. Modelling of human exposure to air pollution in the urban environment: a GPS-based approach[J]. Environmental Science & Pollution Research, 2014, 21（5）：3558-3571.

⑨ Gariazzo C, Pelliccioni A, Bolignano A. A dynamic urban air pollution population exposure assessment study using model and population density data derived by mobile phone traffic[J]. Atmospheric Environment, 2016, 131：289-300.

利用位置服务数据（Location Based Service，LBS）分析居民时空行为，采用遥感技术反演 PM$_{2.5}$ 浓度空间分布，对 PM$_{2.5}$ 污染暴露水平进行评估，并采用 GIS 空间分析及统计方法，探讨城市空间结构、土地使用、空间形态、道路交通、绿地与开放空间等城市规划要素对 PM$_{2.5}$ 污染暴露的影响作用，并提出规划优化对策。

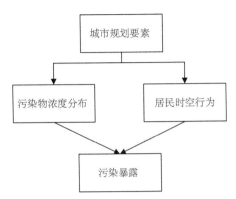

图 6-1　城市规划要素、居民时空行为、污染暴露之间关系

（图片来源：作者自绘）

## 6.1　研究区域与实验数据

如图 6-2 所示，武汉都市发展区为本书研究范围，国土面积为 2820km$^2$。以规划管理单元为 PM$_{2.5}$ 污染暴露的基本分析单元，研究区域内共有 1101 个单元，平均面积为 2.5km$^2$。研究数据包括空气污染、GIS、LBS 三部分。空气污染数据包括地面监测数据及 MODIS 卫星遥感数据，时段为 2016 年 1 月～ 12 月。GIS 数据包括土地使用、建筑、道路、绿地、水域、公交站点等。LBS 数据来自某移动应用云服务及大数据平台提供商，内容涵盖 2017 年 4 月 17 日—4 月 23 日一周时间范围内出现在武汉市域范围内的独立手机终端用户位置数据。此 LBS 数据采集机制为：1）周期更新数据，即用户打开调用位置信息的 APP（包括微信、QQ、银联等 Top50 的热门 APP）后，将颗粒精度为 1 小时 / 次的频率向后台 SDK 平台上报用户 GPS 位置数据；2）事件触发数据，即用户在上述任意 APP 登陆、搜索、发送和接收信息和推送等事件也将形成即时位置数据。虽然本书获取的 PM$_{2.5}$ 浓度数据的时段（2016 年）与 LBS 数据（2017 年 4 月）并不完全一致，但居民通勤出行特征通常在一年内不会有显著的变化，因此可以将两者进行结合以评估空气污染暴露。

依据该 LBS 数据，分析可得在武汉市域范围出现的人次数为平均 2,175,975 人 / 天，有效出行的人数（产生出行活动）为平均 289,714 人 / 天。在一周出现的 2,884,251 人中，居住地在武汉市的共 1,917,389 人。一周内，出行人数为 849432 人，出行人次为 3338449 人次，其中有职住标签的共计 702,342 人出行（有效出行人数），出行人次为 6,414,428 人次。每天的总样本量、产生出行的样本量、出行次数、有职住标签的出行次数如表 6-1 所示。每小时的交通出行量如图 6-3 所示，主要出行集中在 6:00 至 20:00 间，出行高峰在 8:00 ～ 9:00 及 12:00 ～ 13:00 两个时段内。

图 6-2　研究区域

（图片来源：作者自绘）

武汉一周数据信息　　　　　　　　　　　　　　　表 6-1

| 日期 | 总样本量 | 产生出行的样本量 | 出行次数 | 有职住标签的出行次数 |
|---|---|---|---|---|
| 4/17/2017 | 2169259 | 290395 | 478994 | 1186833 |
| 4/18/2017 | 2180874 | 294648 | 488206 | 1208594 |
| 4/19/2017 | 2183991 | 289307 | 477527 | 1179757 |
| 4/20/2017 | 2194839 | 288518 | 476123 | 1174824 |
| 4/21/2017 | 2201701 | 302375 | 497587 | 1230031 |
| 4/22/2017 | 2157488 | 293934 | 481767 | 1190751 |
| 4/23/2017 | 2143674 | 268825 | 438245 | 1078168 |

（表格来源：作者自绘）

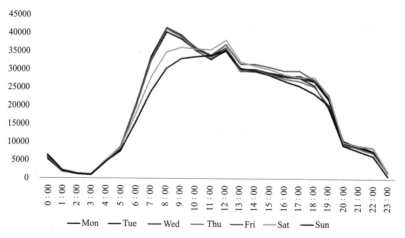

图 6-3　小时交通量分布

（图片来源：作者自绘）

## 6.2 PM$_{2.5}$污染暴露分析

### 6.2.1 PM$_{2.5}$浓度遥感反演

空气质量地面监测数据往往由于点位较为稀疏，并不能很好地反映城市中不同空间污染浓度的差异。利用卫星遥感数据对PM$_{2.5}$浓度进行反演是当今较为先进的污染测量技术，其能够提供高分辨率、高精度的PM$_{2.5}$浓度空间分布图[①]。因此，本书采用遥感反演技术来获取研究范围内的PM$_{2.5}$浓度分布。具体方法为，以深度学习模型进行人工智能学习，输入数据包括MODIS卫星遥感产品（MYD02）中的大气表观反射率、观测角、植被归一化指数、气象要素（气温、湿度、风速）等信息，并空气污染国家监测点的PM$_{2.5}$浓度监测值来进行校核。最后得到2016年1月~12月的PM$_{2.5}$月均浓度空间分布图（图6-4），其空间分辨率为1km，PM$_{2.5}$浓度的拟合度R$^2$达到0.87，能够满足本书分析需求。在2016年期间，武汉市PM$_{2.5}$月均浓度呈现季节性特征，冬季污染最为严重（1月83μg/m$^3$、12月81μg/m$^3$），夏季污染较轻（7月28μg/m$^3$）。依据国家空气质量标准，1月与12月污染超标天数最多，6~8月超标天数为0。从空间分布上来看，PM$_{2.5}$浓度在不同时间的空间分布也存在差异。当月均浓度较低时（5~7月），PM$_{2.5}$的空间分布较为匀质。随着月均浓度升高，PM$_{2.5}$分布开始出现空间异质性。例如，在污染最为严重的1月，市中心地区的PM$_{2.5}$浓度最高，三环与外环之间地区的浓度较低。

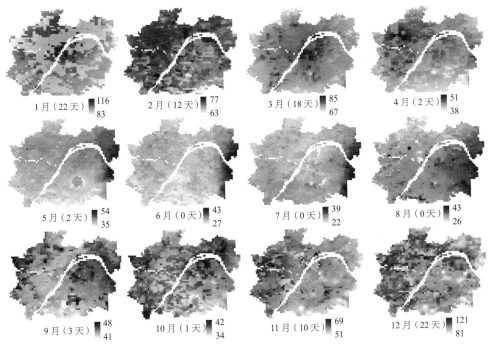

1月（22天）116 83　　2月（12天）77 63　　3月（18天）85 67　　4月（2天）51 38

5月（2天）54 35　　6月（0天）43 27　　7月（0天）39 22　　8月（0天）43 26

9月（3天）48 41　　10月（1天）42 34　　11月（10天）69 51　　12月（22天）121 81

**图6-4　遥感反演PM$_{2.5}$月均浓度空间分布及每月超标天数**

（图片来源：作者自绘）

---

① Li T, Shen H, Yuan Q, et al. Estimating Ground-Level PM$_{2.5}$ by Fusing Satellite and Station Observations: A Geo-Intelligent Deep Learning Approach[J]. Geophysical Research Letters, 2017, 44（23）: 11985-11993.

## 6.2.2 居民时空出行分析

由于 LBS 数据不同于手机信令数据，其应用位置服务可能存在一定的时间间隔，导致个体轨迹存在间断性。因此，本书采用估算方式进行处理，主要对居民的通勤出行特征进行分析。首先利用 LBS 数据解析出居民日常通勤出行 OD 图，再结合道路数据识别出每一对 OD 之间的最短路径，以此作为个体通勤出行轨迹。OD 图的识别方式为，统计手机用户在工作日非工作时段（21:00 ~ 07:00）的位置服务应用信息，将出现频次最多的地址作为该用户的居住地址（O 点）；统计手机用户在工作日工作时段（10:00 ~ 17:00）的位置服务应用信息，将出现频次最多的地址作为该用户的办公地址（D 点）。

按照上述方法，本书在研究范围内共识别出 386 万 OD 通勤对，约占 2014 年人口调查统计数据（834 万人）的 46%，可以反映出城市职住分布及通勤出行特征。其中，约有 205 万人的居住地与工作地在同一管理单元，占 53%。如图 6-5 所示，大部分出行集中在三环内及周边地区，形成了武汉市最主要的通勤圈，另外一部分通勤发生在三环外的光谷、武钢、汉口北、吴家山、经济开发区、纸坊等区域。本书利用 GIS 网络分析工具，按照最短路径估算法识别各 OD 对的出行路径及距离。以居住地点为基准，统计各个编制单元中的人均出行距离，如图 6-6 所示。分析发现，都市发展区内的平均出行距离约为 4.9km，并呈现出中心地区短、外围距离长的空间格局。

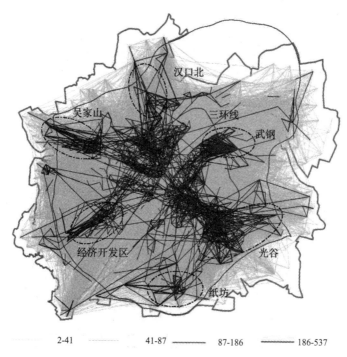

图 6-5 OD 对分布（单位：人次）

（图片来源：作者自绘）

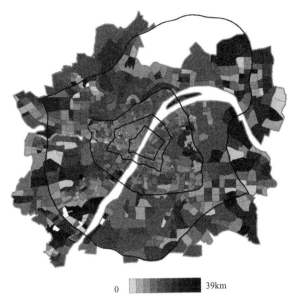

0 ▬▬▬▬▬▬▬ 39km

图 6-6  平均出行距离分布

（图片来源：作者自绘）

### 6.2.3  PM$_{2.5}$污染暴露测度

结合 PM$_{2.5}$浓度数据与通勤出行 OD 数据，可以对个体在不同地点及时段的污染暴露量进行测度。如公式 6-1 所示，首先计算个体在每月居住地暴露量 $E_O$（$i$）、工作地暴露量 $E_D$（$i$）及出行路径上的暴露量 $E_R$（$i$），汇总得到全年的总暴露量 $E$，并以规划管理单元统计人均 PM$_{2.5}$污染暴露量。对于每月暴露水平，分别针对居住地与工作地，计算对应地点的 PM$_{2.5}$月均浓度 $E_O$（$i$）、暴露时间 $T_O$（估算为居住地 10h，工作地 9h）、当月 PM$_{2.5}$超标天数 $D_i$ 的积；针对出行路径，计算路径上的平均 PM$_{2.5}$浓度 $C_i$（$R$）、出行时间 $T_R$（2* 路线距离 / 道路平均车速，2 表示往返时间之和）、当月 PM$_{2.5}$超标天数之积 $D_i$。对于工作地与居住地在相同单元的个体，本书假设其采用步行或自行车出行的方式，约 15min 通勤时间，并以当地的 PM$_{2.5}$浓度进行计算。

全年暴露量：$E=\sum_{i=1}^{12}\{E_O（i）+E_D（i）+E_R（i）\}$  公式 6-1

居住地 $i$ 月暴露：$E_O（i）=C_i（O）*T_O*D_i$  公式 6-2

居住地 $i$ 月暴露：$E_D（i）=C_i（D）*T_D*D_i$  公式 6-3

出行路径 $i$ 月暴露：$E_R（i）=C_i（R）*T_R*D_i$  公式 6-4

如图 6-7（a）所示，全年总 PM$_{2.5}$污染暴露水平呈现出一定的空间差异，暴露量在内环中数值较高，经二环至三环呈下降趋势，在南三环附近达到较低水平。在三环外地区，武钢地区污染暴露水平较高，光谷及纸坊两通勤圈的污染暴露水平相对较低，而江北的汉口北及吴家山通勤圈的暴露量也较高。以上格局同当年 1 月、12 月的污染浓度分布密切相关，由于这两月 PM$_{2.5}$平均浓度最高，且污染超标天数长，对整体的 PM$_{2.5}$污染暴露水平产生了主要的影响。

此外，本书对各管理单元的人均出行路径暴露水平进行了统计 [图6-7（b）]，该数值从市中心向外逐步升高，其主要受外围单元出行距离长、暴露时间多的影响。

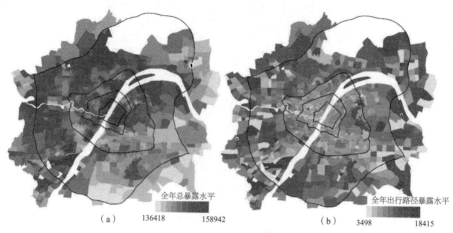

全年总暴露水平    136418    158942

全年出行路径暴露水平    3498    18415

（a）    （b）

图 6-7　PM$_{2.5}$ 污染暴露空间分布

（图片来源：作者自绘）

## 6.3　规划要素影响分析

### 6.3.1　城市空间结构

在 LBS 数据识别出的居住地和就业地基础上，统计各规划管理单元的居住人口与就业人口，并计算相应的居住密度与就业密度。如图 6-8 所示，居住人口具有明显的空间集聚特征，居住中心主要位于三环内，居住密度在内环中最高，向外逐渐降低。就业人口同样集聚在三环内，在二环内形成主要的就业中心，而三环外的光谷、吴家山、经济开发区等区域虽然集聚着一定的就业人口，但密度相对较低。

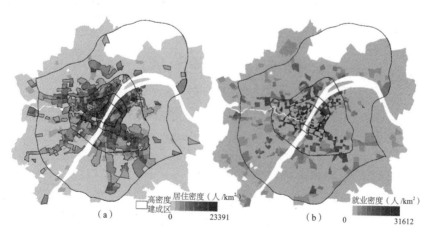

高密度
建成区

居住密度（人 /km$^2$）    0    23391

就业密度（人 /km$^2$）    0    31612

（a）    （b）

图 6-8　居住密度与就业密度分析

（图片来源：作者自绘）

对比图 6-7 与图 6-8 发现，城市空间结构与 $PM_{2.5}$ 污染暴露量呈现出一定的关联性。例如，二环内是主要的居住中心及就业中心，也是三环内的核心通勤圈，其承受的污染暴露水平较高；而作为副中心之一的光谷，其居住密度及就业密度相对较低，对应的污染暴露量也较低。按照人口密度大于 1000 人 /km$^2$ 的标准，划定出高密度建成区域，共计 644 个规划管理单元，以分析人口密度指标与 $PM_{2.5}$ 污染暴露水平的相关性。如表 6-2 所示，居住密度与就业密度两指标均与 $PM_{2.5}$ 总暴露水平成正相关关系（0.22**，0.148**），说明高密度的城市中心地区由于聚集了大量的居住与就业人口，会带来更多的机动车污染源，导致污染暴露风险上升。而 $PM_{2.5}$ 出行路径暴露水平则与居住密度、就业密度及职住比三项指标呈显著负相关关系（-0.282**，-0.188**，-0.087*），这是由于较高的人口密度及职住平衡程度有利于降低居民通勤出行距离，减少路途上的污染暴露风险。总体上看，虽然高密度能够降低通勤距离，减少一定的尾气排放，但城市中心地区由于聚集了过高密度的人口，仍会加剧 $PM_{2.5}$ 浓度及暴露风险。

规划要素指标与 $PM_{2.5}$ 暴露水平相关性分析　　　　　　　　　　表 6-2

| 规划要素 | 指标 | 总暴露水平 | 出行路径暴露水平 |
|---|---|---|---|
| 城市结构 | 居住密度 | 0.22** | -0.282** |
| | 就业密度 | 0.148** | -0.188** |
| | 职住比 | 0.21 | -0.087* |
| 土地使用 | 居住用地占比 | 0.194 | |
| | 商服用地占比 | 0.296** | |
| | 公共管理与公共服务用地占比 | -0.195 | |
| | 工业用地占比 | -0.26* | |
| | 用地混合度 | -0.03 | -0.215 |
| 空间形态 | 建筑密度 | 0.247* | -0.418** |
| | 平均楼层 | 0.183 | |
| | 容积率 | 0.34** | -0.491** |
| 道路交通 | 道路总密度 | 0.558** | |
| | 快速路密度 | 0.077 | |
| | 主干路密度 | 0.521** | |
| | 次干路密度 | 0.092 | |
| | 支路密度 | 0.482** | |
| | 交叉口密度 | 0.526** | |
| | 公交站点密度 | 0.475** | -0.385** |
| 绿地与开放空间 | 林地覆盖率 | -0.12** | |
| | 草地覆盖率 | -0.121* | |
| | 绿地覆盖率 | -0.19** | |

注：** 表示在 0.01 水平上显著，* 表示在 0.05 水平上显著

（表格来源：作者自绘）

## 6.3.2　土地使用

首先采集国家重点监控污染源的地理位置信息，与 $PM_{2.5}$ 污染暴露图进行空间叠置，对具有污染风险的工业用地与污染暴露的关联进行分析。如图 6-9 所示，研究范围内的主要污染源包括热电、冶金、石化、造纸等污染行业，基本分布于三环之外区域。武钢地区的污染源数量较多，年污染物（二氧化硫、二氧化氮、烟尘）排放强度最大，是该地区空气污染的主要来源，导致该通勤圈的污染暴露水平较高。南部的玻璃制造业也对周边的污染暴露水平产生了一定的影响，但其离人口密集区域较远，威胁较小。汉口北部地区既无较多的工业污染源，又不是人口高密度聚集地区，但污染暴露程度仍然较高，其污染可能来自区域污染传输。

图 6-9　重点污染源分布

（图片来源：作者自绘）

除重点污染源外，其他土地使用类型的规模与区位可能会对污染暴露产生影响。由于数据的可获得性，本书基于中心城区（三环内）的土地使用数据，分析三环通勤圈中土地使用对 $PM_{2.5}$ 污染暴露的影响，如图 6-10 所示。由于规划管理单元面积相对较小，难以反映影响居民出行的土地使用状况，因此以较大的规划编制单元统计居住用地、商服用地、公共管理与公共服务用地及工业用地占比，分析其与 $PM_{2.5}$ 污染暴露的相关性。结果表明，居住用地、公共管理与公共服务用地的占比与污染暴露水平的相关性并不显著（0.194，−0.195），而上文分析表明居住人口密度与污染暴露水平显著相关，因此还需进一步分析土地开发强度（容积率）的作用。商服用地占比与暴露水平显著正相关（0.296**），也说明了就业中心易积聚大量人流与车流，增加污染暴露量。工业用地与污染暴露水平负相关（−0.26*），这可能是由于污染型企业逐渐转移到三环之外，三环内的工业污染排放较低，同时人口与机动车污染源相对较少。此外，本书采用香农信息熵的方法对用地混合度进行测度，分析其影响作用。结果表明，用地混合度虽然与平均出行距离显著负相关（-0.258*），但与总暴露及出行路径暴露量均未显著相关（-0.03，-0.215）。通常认为，提高用地混合程度有助于提高步行与骑行，降低机动车污染排放量。然而，本书研究发现用地混合使用虽然能够减少出行距离，但亦可能增加交通流量及交通拥堵，可能会使污染排放量增加，加剧污染暴露量。

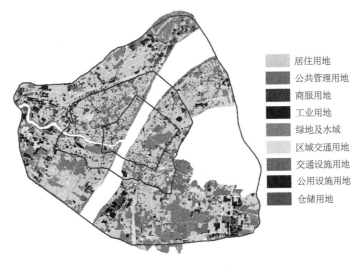

居住用地
公共管理用地
商服用地
工业用地
绿地及水域
区域交通用地
交通设施用地
公用设施用地
仓储用地

图 6-10　中心城区土地使用图

（图片来源：作者自绘）

### 6.3.3　空间形态

本书主要通过容积率、建筑密度、平均楼层三个指标，探讨空间形态与 $PM_{2.5}$ 污染暴露的关联。一方面，空间形态会影响城市风环境，对污染物的扩散过程产生影响。另一方面，空间形态也可能决定居民的出行行为，对机动车污染排放量及污染暴露水平产生影响。为了综合考虑上述两方面作用，本部分也采用范围较大的规划编制单元展开分析。如图 6-11 所示，容积率与建筑密度在内环中处于较高水平，土地使用强度较大，向外呈下降趋势。较高开发强度的编制单元大多对应着较高 $PM_{2.5}$ 污染暴露量，统计分析结果也显示容积率与暴露水平显著正相关（0.34**），说明高强度开发地区由于拥有较高的人口与机动车，其污染排放强度较大。建筑密度与暴露水平显著正相关（0.247*），而平均楼层的影响却并不明显（0.183），说明过高密度的建筑不利于污染物的扩散，且其作用大于建筑高度。从出行行为上看，容积率与建筑密度均与 $PM_{2.5}$ 出行路径暴露水平显著负相关（-0.418**，-0.491**），表明高密度地区的居民通勤出行距离往往较短。总体上，高密度开发虽然有助于缩短机动出行距离，但会因集聚过多污染源且降低了街区平均风速，导致总体暴露风险升高。因此，后续研究还需确定开发强度的适宜区间，以达到既能控制污染排放量，又可以降低长距离通勤暴露的目的。

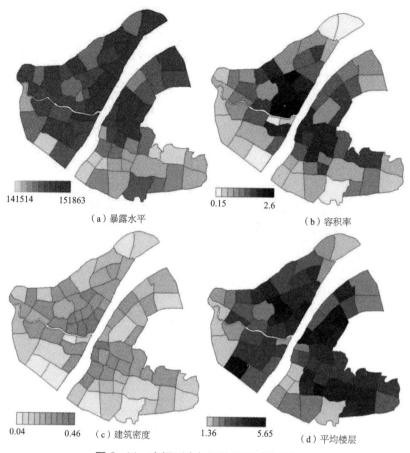

（a）暴露水平

141514   151863

（b）容积率

0.15   2.6

（c）建筑密度

0.04   0.46

（d）平均楼层

1.36   5.65

图6-11　空间形态与污染暴露对比分析

（图片来源：作者自绘）

### 6.3.4　道路交通

如图 6-12 所示，内环仍然是道路密度最高的地区，公交站点也相对密集。相关性分析表明，道路密度与污染暴露水平显著正相关（0.558**），说明了机动交通是城市空气污染的主要来源，对居民呼吸健康构成了较大威胁。交叉口密度同样与暴露量显著正相关（0.526**），这是由于过多的交叉口会降低机动车平均速率，增加起停频次，尾气排放量相应增多。为了探讨不同类型道路的影响，本书分别统计快速路、主干路、次干路及支路的密度以进行相关性分析。结果表明，不同类型道路对污染暴露的作用有所不同，主干路与支路密度与暴露水平显著正相关（0.521**，0.482**），而快速路与次干路密度的影响则并不显著（0.077，0.092）。我们分析认为，快速路由于具有更完备的立交系统，能够降低交通拥堵程度，而主干路与支路往往由于频繁的汽车起停导致污染排放量更大。公交站点密度与平均通勤距离及出行路径暴露显著负相关（−0.442**，−0.386**），说明提高公交可达性有助于缩短居民通勤距离。但其与总暴露水平显著正相关（0.475**），这可能是由于武汉市公交路线重复率较高（4.05，适宜值 1.25 ~ 2.5），容易导致道路拥堵，导致公交可达性高的地区仍然有着较大的污染排放强度。

——快速路 ——主干路 ——次干路 ┄┄支路                    · 公交站点

**图 6-12　道路与公交站点分布**

（图片来源：作者自绘）

### 6.3.5　绿地与开放空间

合理的绿地布局有助于形成城市通风廊道，缓解城市热岛效应，但能否借助风力吹走雾霾还未有明确的结论。冬季是武汉市雾霾污染最为严重的时期，其主导风向为东北风。如图 6-13 所示，研究区北部是由湖泊水域为主的开放空间，来自北方的外源污染可通过此区域以长江为廊道汇入武汉市主城区，加重污染。可以发现，内环临江地区在受到内源污染及外源污染的叠加影响下，呈现出较高的污染暴露水平。三环西北部的府河绿带对来自北方的外源污染起到了一定的阻挡作用，使其南面地区的污染暴露水平略有下降。绿地系统的规模效应在东部的九峰森林公园及南部的青龙山森林公园地区最为明显，对降低光谷与纸坊两大通勤区的污染暴露量起到了一定作用。对于污染源最为集中的武钢地区，周边并无大规模的绿地布局，未能有效降低此区域的污染暴露水平。本书以人口高密度区的规划管理单元为样本，分析林地及草地的覆盖率与 $PM_{2.5}$ 污染暴露的相关性。结果表明，两指标均与暴露水平呈显著负相关（$-0.12**$，$-0.121*$），其综合作用（林地与草地覆盖率之和）则更为明显（$-0.19**$），证明了绿地对颗粒物浓度的抑制作用。

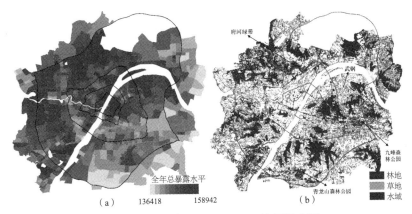

**图 6-13　绿地与开放空间与污染暴露分析**

（图片来源：作者自绘）

## 6.4 空间优化对策

上述研究表明，城市空间结构、土地使用、空间形态、道路交通、绿地与开放空间这几类城市规划要素对$PM_{2.5}$污染暴露均有一定的影响，如何基于研究结论优化规划原则、提出优化对策还需进一步探讨。从城市空间结构上看，武汉市中心城区，尤其是二环内区域，仍聚集着大量的居住及就业人口，而光谷、开发区、临空片区等城市副中心还在形成过程中，人口集聚效应尚不显著。通过分析容积率与污染暴露的相关性也发现，高强度的土地开发虽然有助于缩短机动出行距离，但同时会加剧污染源的集聚，导致$PM_{2.5}$浓度升高，使更多人口承受较高的污染暴露量。因此，武汉仍需加强城市副中心建设，塑造多中心的城市空间结构，以有效疏导中心城区人口，避免密度过高带来的环境负效应。从土地使用来看，热电、冶金、石化等产业使用的工业用地增加了周边地区的污染暴露量，一些污染源还处于人口高密度区域附近，但周边的绿地防护措施还不完备。特别是在污染排放强度最大的武钢地区，应在其下风向布设大规模连片的防护林地，避免颗粒物扩散至周边的人口高密度区，控制污染暴露量。对于空间形态而言，在对中心城区进行城市更新时，应适当降低建筑密度，改善街区风环境，以利于污染物的扩散。虽然小街区、密路网的模式在近年来较为推崇，但却可能会由于过高的道路及交叉口密度，提高污染暴露风险，应量力而行。对比武汉市城市空间结构与绿地系统布局发现，居住中心及就业中心周边的绿地及开放空间的面积规模还较小，且空间分布较为破碎化，未能充分发挥对空气的净化作用。对于通勤较为集中的三环内地区，需加绿地网络化布局，使绿地均匀连片分布。此外，在城市风道的上风区需加强绿地布局，发挥对外源污染的过滤作用。

## 6.5 结论与讨论

空气污染暴露与居民个体健康有着紧密的联系，而现有研究还较少探讨城市规划要素对污染暴露的影响。本章利用卫星遥感数据反演得到$PM_{2.5}$浓度空间分布，结合LBS数据反映的居民通勤出行特征，对武汉都市发展区$PM_{2.5}$污染暴露量进行测度，分析城市空间结构、土地使用、空间形态、道路交通、绿地与开放空间几类城市规划要素对污染暴露的影响作用，并提出规划优化对策。研究发现，空间结构、土地开发强度、建筑密度、道路密度、绿地覆盖率等要素或指标与污染暴露水平有着密切的联系，可以在规划设计时进行适度的指标优化，以减少空气污染暴露量，改善居民呼吸系统健康状况。

本章研究还存在一定不足有待完善：首先，应用的LBS数据未能完全反映居民的实时地理信息，刻画的个体时空行为轨迹还不完整，后续研究可应用手机信令数据进行个体轨迹的分析。其次，本研究并未区分不同交通模式的污染暴露量，对居住地与工作地的室内污染暴露量也是一种估算方式，今后可以应用便携式空气质量检测仪进行细化。另外，本研究主要应用相关性分析方法来探讨各类规划要素与$PM_{2.5}$污染暴露的关联，缺乏对不同要素之间相互影响的综合判断，还需进一步挖掘更为有效的空间统计模型进行研究。尽管如此，本书创新地应用了大数据、遥感、空间分析技术来探讨城市规划与污染暴露之间的关系，弥补了该领域的空白。今后可以进一步分析城市规划要素、个体时空行为、空气污染与居民健康调查结果的关联，从微观层面深入探讨城市规划对个体健康的影响机理，为开展健康城市规划与设计提供科学依据。

# 第7章 总结

　　近年来，我国多地城市屡次出现大范围、长时间的雾霾天气，以 $PM_{2.5}$ 为首的空气污染引起了我国政府、公众及学界的高度重视。城市空气污染的形成非一朝一夕，治理雾霾也不能毕其功于一役，须寻求更多的污染防治途径。发达国家已逐步认识到城市空间形态与空气质量的关系，发现城市蔓延是造成空气污染的原因之一，但我国学者还较少涉及该领域研究。通过梳理国内外相关领域研究发现：①空气污染源测算研究充分表明，机动车尾气已经逐渐成为我国城市空气污染的主要来源，如果能够有效减少机动车尾气排放量，也便能有效控制城市空气污染源。②国内外大量研究探讨了城市空间形态与空气污染的关系，但尚未得到一致的结论。虽然高密度紧凑的城市空间形态被广为推崇，但也受到了不少学者的质疑与反对本书认为这些观点对立与争论的原因在于，这些城市的发展阶段与当地条件皆有不同，并不存在一套适合于所有国家及地区的城市空间形态。与欧美城市相比，中国城市密度相对较高，居民交通出行特征也存在巨大差异，需充分考虑中国城市的实际情况，探索符合当地条件的适宜空间形态。③现有研究主要关注污染物浓度指标，较少涉及人群对污染物的暴露状况，未能有效反映空气污染对公众健康的威胁，这也是一些学者对高密度紧凑的城市空间形态持否定观点的原因之一。因此，今后研究应改变传统分析"重物轻人"的方式，以空气污染人群暴露为研究重点，综合考虑污染浓度、暴露人口、接触时间等指标。④城市空间形态与空气质量的研究主要局限于城市整体尺度，其结论往往较为宏观，难以指导城市规划与设计实践。今后研究需加强城市微观尺度上的分析，探索街区尺度上城市空间形态与空气质量的关系，构建定量的规划控制指标体系，以服务于城市详细规划设计。

　　因此，本书针对以上问题展开了系统的探索，综合应用 GIS、遥感、大数据、空间统计、城市模型等技术方法，从全国、城市多个研究尺度上进行了四部分的实证研究，探讨了城市空间形态对空气质量的影响机理，并提出相应的规划优化策略。

　　第一部分研究从全国尺度入手，基于全国 157 个城市的截面数据，测度城市空间形态与空气污染浓度，利用线性回归模型来研究两者之间的关联。研究发现城市蔓延是影响我国城市空气质量的重要因素之一，在我国空气污染源逐步向机动车转换的情况下，城市蔓延带来的环境问题需要引起重视。

　　第二部分研究在第一部分研究基础上进行深入，仍在全国尺度上，利用空间统计模型并结合卫星遥感数据，探讨城市空间形态对 $PM_{2.5}$ 污染的影响。研究发现城市空间形态会通过机动车使用、绿化调节、污染物扩散、热岛效应等方式影响雾霾的产生或扩散过程，但人口密度影响作用会随着人口规模的变化而不同，需要结合实地情况制定发展政策。

第三部分研究在发现城市空间形态与空气质量之间的关联关系后，利用"自下而上"的土地利用—交通—尾气一体化模拟模型，定量的评估不同的城市空间发展方案产生的空气污染结果。厦门的研究案例表明，紧凑的城市空间形态有助于减少机动车尾气排放量，但是对于人口密度已经较高的中国城市来说，过高的密度会使大量人口聚集在污染浓度较高的城市中心地区，提高污染风险。

第四部分研究认为城市空间形态还会显著影响居民的时空行为，规划要素、居民时空行为、污染暴露之间存在一个非常复杂的关系，亟需对此关系进行探讨。通过综合利用武汉市 GIS、遥感及 LBS 数据研究发现，空间结构、土地开发强度、建筑密度、道路密度、绿地覆盖率等要素或指标与污染暴露水平有着密切的联系，需要针对污染暴露水平对相关要素指标进行优化，以降低居民污染暴露水平，改善呼吸环境。

基于上述研究结论，本书提出以下城市发展与规划对策：首先，城市空间形态对空气质量的影响规律并非放之四海而皆准，需要依据城市规模制定合适的发展政策与方案。对于中小城市，应当适当提高人口密度，打造结构紧凑的单中心城市空间结构，避免不合理的城市蔓延。而对于大城市而言，应适当疏散中心人口降低人口密度，合理规划、构建城市副中心，以减少职住分离，降低居民通勤距离及交通拥堵，缓解集聚过度带来的环境负外部性。其次，应该重视土地利用——交通——尾气一体化模拟模型的研发工作，它能够提供一套定量评估城市规划方案合理性的工具，发挥规划决策支持作用，以避免决策失误。最后，针对武汉市的案例可以发现，我国大城市与特大城市可能存在中心过度聚集的问题，需适当降低中心城区的密度，改善街区风环境，并谨慎采用"小街区、密路网"的空间布局模式。